短视频

制作/拍摄/录音 从入门到精通

徐妍桐 —— 编著

人民邮电出版社
北京

图书在版编目（CIP）数据

短视频制作/拍摄/录音从入门到精通 / 徐妍桐编著.
北京 : 人民邮电出版社, 2024. -- ISBN 978-7-115
-65349-9

Ⅰ. TP317.53

中国国家版本馆 CIP 数据核字第 2024ND2801 号

内 容 提 要

本书按照短视频作品的创作规律，从前期准备、中期拍摄、后期制作这3个阶段分别对短视频的创作流程进行讲解。全书共10章，主要内容包括准备工作与脚本策划、短视频的基础理论知识、拍摄工具的选择及使用技巧、短视频的镜头语言、短视频的用光技巧、取景技巧和服化道筹备、短视频录音技巧、后期剪辑与调色技巧等。另外，结合行业发展现状，本书还介绍了服饰、食物、电子产品、家居家纺、交通工具等一些时下热门短视频题材的拍摄技巧，并以综合案例的形式介绍了广告、探店、变装、卡点和旅拍Vlog短视频的拍摄与后期制作方法，帮助读者快速玩转短视频创作。

本书适合对短视频拍摄感兴趣的摄影爱好者，想要提升短视频质量吸引更多粉丝的内容生产者，也适合作为影视、摄影、编导等相关专业在校学生的课外读物。

◆ 编　　著　徐妍桐
　责任编辑　张　贞
　责任印制　周昇亮
◆ 人民邮电出版社出版发行　　北京市丰台区成寿寺路 11 号
　邮编　100164　　电子邮件　315@ptpress.com.cn
　网址　https://www.ptpress.com.cn
　临西县阅读时光印刷有限公司印刷
◆ 开本：700×1000　1/16
　印张：12　　　　　　2024 年 12 月第 1 版
　字数：307 千字　　　2025 年 2 月河北第 5 次印刷

定价：59.80 元

读者服务热线：(010)81055296　印装质量热线：(010)81055316
反盗版热线：(010)81055315

前言

短视频时代的到来，使人们的生活发生了翻天覆地的变化。通过短视频分享生活、进行社交已经成为很多人的习惯。便携的智能手机使随时记录精彩瞬间成为可能，而层出不穷的各类拍摄和剪辑App则大大降低了短视频的制作门槛，即使是剪辑新手，也能在掌握技巧后轻松进行短视频制作。本书共10章，系统介绍了如何拍摄和制作短视频，包括视频脚本策划、拍摄工具的使用、取景构图、镜头语言表达、布光录音、后期剪辑调色等内容。希望在阅读完本书后，各位读者能够综合所学，在实践中不断提升自己的拍摄技巧，尝试探索属于自己的创作风格，灵活应对实际工作中出现的各种情况，创作出优秀的短视频作品。

本书特色

短视频拍摄全流程教学：本书内容包括前期脚本策划、拍摄器材、场景选择和搭建、服化道筹备、拍摄计划的制定，中期正式拍摄的构图取景、用光、运镜、收音等技巧，以及后期剪辑、特效制作、视频调色等内容，全方位覆盖短视频拍摄和制作的整个流程。

不同题材的23种拍摄技巧：结合之前所学内容，为读者介绍了服饰、食物、电子产品、家居家纺、交通工具等题材的23种拍摄技巧。

实操讲解、视频教学：本书不仅有基础知识讲解，还有案例实操教学，并提供专业讲师的视频讲解文件，读者可以边看边练。

内容框架

本书内容涵盖短视频拍摄与制作全流程，全书共分为10章，具体内容框架如下。

第1章　初识短视频拍摄：介绍了什么是短视频、短视频的拍摄流程和拍摄要点。

第2章　拍摄工具的使用技巧：介绍了常用的拍摄设备、拍摄设置、如何正确曝光、景深大小和影响因素、三脚架和稳定器的使用，以及广角镜头和长焦镜头的使用技巧。

第3章　短视频的镜头语言：介绍了短视频常用的构图技巧和构图工具、短视频的景别、拍摄角度、常用镜头，以及运镜技巧等内容。

第4章　短视频的用光技巧：介绍了光线的强弱和种类，不同时间、不同天气、不同光照角度的拍摄技巧、布光设备的运用、常用布光方案等内容。

第5章　短视频取景和服化道：介绍了短视频的常用外景和内景、演员服装搭配技巧、化妆技巧，以及置景道具和随身道具的使用技巧等内容。

第6章　短视频录音技巧：介绍了麦克风的种类和试音模式、手机录音和电脑录音的技巧，以及现场实录和后期修音的技巧。

第7章　短视频的后期制作：介绍了手机端和电脑端常用的剪辑软件、短视频的剪辑流程、常用的后期剪辑技巧、视频一二级调色、背景音乐音效的使用等内容。

第8章　拍摄前的准备工作：介绍了常用的短视频风格、脚本编写、场景选择、拍摄计划的制订等内容。

第9章　不同题材短视频的拍摄技巧：介绍了服饰、食物、电子产品、家居家纺、交通工具等不同题材的拍摄技巧。

第10章　短视频创作实战：介绍了广告视频、探店视频、变装视频、卡点视频、旅拍Vlog等不同类型视频的拍摄和制作方法。

读者群体

本书适合对手机摄影和短视频拍摄感兴趣的人员，以及影视、摄影、编导等相关专业的在校学生阅读参考。

编者

2024年6月

目录

第1章　初识短视频拍摄

第2章　拍摄工具的使用技巧

第 3 章　短视频的镜头语言

第 4 章　短视频的用光技巧

第 5 章　短视频取景和服化道

第 6 章　短视频录音技巧

第 7 章　短视频的后期制作

第 8 章 拍摄前的准备工作

第 9 章 不同题材短视频的拍摄技巧

第10章 短视频创作实战

第1章

初识短视频拍摄

随着互联网的普及和移动互联网的快速发展，短视频已成为人们获取信息和娱乐休闲的重要方式之一，因此，视频拍摄也随之成为广大短视频爱好者和从业人员需要具备的重要技能。本章将介绍短视频的特点和分类，以及短视频的拍摄流程和拍摄要点，让读者对短视频拍摄有一个初步了解，为后续的学习奠定良好的基础。

1

1.1 初识短视频

新媒体时代，人们获取信息的时间呈现出碎片化的状态，短视频正好填补了大众茶余饭后、上班途中、排队或等人间隙这些碎片化时间的空白，充实人们的生活。很多人喜欢看短视频，却并不知道究竟什么是短视频。

1.1.1 什么是短视频

短视频，是短片视频的简称，是时下比较热门的互联网信息发布内容与方式，多发布在视频工具类平台或视频设计平台上。

短视频的魅力在于其短小精悍的特点，能够在短时间内传递大量信息，满足人们快速获取信息和娱乐的需求。同时，短视频的互动性也很强，用户可以通过点赞、评论、转发等方式参与到视频的传播中，形成社交互动和话题讨论。

短视频的内容范围非常广泛，包括但不限于搞笑类、美食类、美妆类、治愈类、知识类、生活类、才艺类、文化类等。下面介绍几种较为热门的短视频类型。

1. 搞笑类

搞笑类短视频迎合了当下大众的心理需求，因为每个人都想开心，人们观看视频大多数也是为了放松心情。当人们从短视频中发现有趣的内容时，就会发自内心地欢笑。碎片化的搞笑内容满足了人们休闲娱乐、放松身心的需求，所以这类内容是短视频市场中的主要内容类型之一，如图 1–1 所示。

2. 美食类

“民以食为天”，“吃”在人们的生活中占据了非常重要的位置。美食承载了人们丰富的情感，如对家乡的眷恋、对亲情的记忆、对幸福的感受等，所以美食类短视频不仅能让人身心愉悦，还会让人产生情感共鸣。我国拥有丰富的菜系和数不清的民间传统美食小吃，美食类短视频可以通过制作美食、探店或展示美食等形式为用户带来令人赞叹的饕餮盛宴，如图 1–2 所示。

图 1–1

图 1–2

3. 美妆类

美妆类短视频的主要目标受众是追求美、向往美的女性用户，她们观看视频的目的是学习一些化妆技巧，发现好用的美妆产品。美妆类短视频主要有“种草”测评、“好物”推荐、妆容教学等。在这些短视频中，出镜人物尤为关键，她们要以真实的人设为产品背书，还要在用户心中营造信任感，同时要具备独特的性格特质和人格魅力，如图 1-3 所示。

4. 治愈类

萌系宠物、亲子日常等治愈类短视频十分受大众欢迎。对于有孩子、有宠物的用户来说，这类短视频会让他们产生亲切感和情感共鸣；而对于没有孩子和宠物的用户来说，这类短视频可以给他们提供“云养猫”“云养娃”的机会，他们可以从可爱的孩子、宠物身上唤起心底的温柔，从而放松心情，缓解疲惫，如图 1-4 所示。

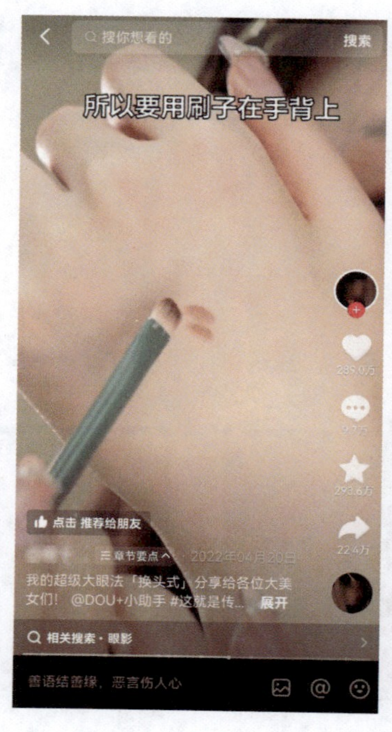

图 1-3

图 1-4

5. 知识类

如今，知识类短视频逐渐成为各大视频平台争夺的资源，知乎、哔哩哔哩、西瓜视频等平台都对知识类创作者投入资源进行扶持。对于用户来说，知识类短视频不失为一种获取知识的好办法，有的用户把它作为某一领域补充学习的参考，有的用户把它作为获取知识的主要渠道之一，还有的用户把它作为在某个领域学习入门的方式。

知识类短视频门槛较高，需要创作者有一定的知识储备。创作者在写文案前要充分查阅相关资料，不能为了赚取流量而输出伪科学的内容，如图 1-5 所示。

6. 生活类

生活类短视频的内容主要分为两种：一种是生活技巧，主要展示如何解决生活中遇到的各种问题，这种内容的短视频要以实际的操作过程为拍摄对象，可以让用户跟着镜头实际操作，最终将困难克服。另一种是Vlog，主要展示个人的生活风采或生活见闻，这类视频一方面满足了用户探究别人的生活的好奇心，另一方面也开阔了用户的眼界，如图1-6所示。

7. 才艺类

网络上有很多具有特殊才艺的人，他们身怀绝技，能够吸引用户的注意力，满足用户的好奇心。才艺包括唱歌、跳舞、魔术、乐器演奏、相声表演、脱口秀、书法、口技、手工等。要想让用户赞叹和佩服，创作者就要做到专业——要么让用户觉得从来没有见过，要么让用户觉得自己根本做不到，满足其中任意一点就能获得用户的点赞与支持，如图1-7所示。

8. 文化类

优秀的传统文化一直备受人们的推崇，所以很多短视频创作者纷纷跟上这种潮流，让传统文化以崭新的面貌展示在人们面前。在短视频的传统文化类别中，比较常见的是书画、戏曲、传统工艺、武术、民乐等，如图1-8所示。

图 1-5

图 1-6

图 1-7

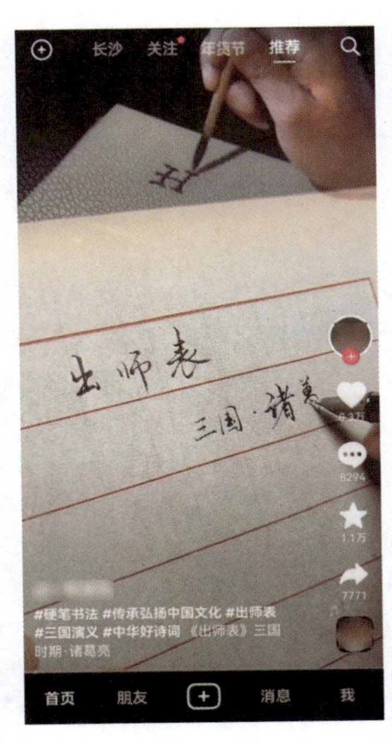

图 1-8

1.1.2 短视频的拍摄流程

短视频的拍摄流程可以大致分为确定拍摄主题和风格、编写脚本和策划拍摄方案、准备器材和道具、搭建拍摄场景、正式拍摄这5个步骤，下面进行详细介绍。

1. 确定拍摄主题和风格

明确想要表达的内容，是记录日常生活、分享旅行经历还是拍摄美食等。设定主题后，还需要确定视频的整体风格，如复古风格、文艺风格、故事风格、快剪风格等，如图 1-9 所示，为两种不同风格的视频。

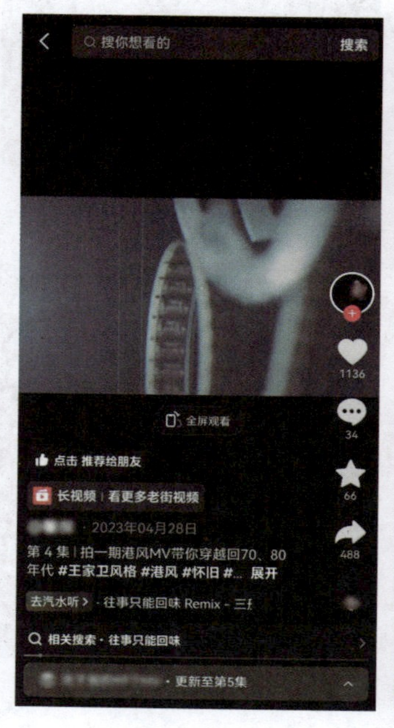

图 1-9

2. 编写脚本和策划拍摄方案

根据主题和风格，编写脚本或者策划拍摄方案。脚本通常是指表演戏剧、拍摄电影等所依据的底本或书稿的底本，而短视频脚本是介绍短视频的详细内容和具体拍摄工作的说明书。策划拍摄方案也就是确定最终的拍摄计划，一般包括拍摄时间和地点的确定，以及拍摄通告和物料清单等内容。

3. 准备器材和道具

根据拍摄需求准备相应的设备，如手机、相机、稳定器、麦克风、灯光等，还有拍摄所需的道具，如服装、布景等。图 1-10 所示为摄影棚现场拍摄场景。

图 1-10

4. 搭建拍摄场景

根据脚本或策划方案，搭建拍摄的场景，包括背景、道具、灯光等，确保场景能够很好地衬托主题和氛围。图 1-11 所为两个不同主题视频的拍摄场景。

图 1-11

5. 正式拍摄

按照拍摄计划开始拍摄，注意摄像和录音的质量，确保画面清晰、声音清晰。拍摄时，要注意角度、光线、拍摄方向等细节，尽量多拍几个角度和镜头，以便后期剪辑。

1.2 短视频的拍摄要点

能否拍摄出一条高质量的短视频，取决于很多因素，其中既有色彩、构图、造型等外在因素，也有节奏、氛围、情感传递等内在因素。下面将从色彩构图、镜头节奏、环境氛围、人物造型、思想感情这5个方面为读者分析短视频的拍摄要点。

1.2.1 色彩构图

在短视频中，色彩和构图是两个至关重要的元素，它们能够影响观众的情感体验、视觉感知以及对内容的理解。

1. 色彩

不同的色彩能够引发观众不同的情感反应。例如，暖色调（如红色、橙色、黄色）通常传达出温暖、活力、积极的感觉，而冷色调（如蓝色、绿色、紫色）则可能引发冷静、平和或忧郁的情绪，如图 1-12 所示。

图 1-12

所以，在拍摄短视频时，可以通过色彩的选择与搭配帮助塑造短视频的主题和氛围。例如，想要营造唯美浪漫氛围时，可以运用粉色、紫色等柔和的色彩，如图 1-13 所示；而在表现自然风景时，则可以运用绿色、蓝色等自然色彩，如图 1-14 所示。

也可以通过对比不同的颜色，创造出强烈的视觉冲击力。例如，将红色与绿色、蓝色与橙色进行对比，可以使画面更加鲜明、生动。同时，色彩互补也是一种有效的搭配方式，将位于色彩环相对位置的颜色相互搭配，可以产生强烈的反差和视觉冲击力。

图 1-13

图 1-14

2. 构图

大家拿起手机或相机准备拍摄时，需要不断地对画面中的元素做取舍，这个过程就是构图。视频拍不好的主要原因之一就是不会构图。依托于画面的 4 条边框，好的构图要做到简洁、有主体、有主题，并且可以通过心理暗示让观众主动参与对画面的解码，减少对外部解读的依赖。一个好的构图通常是多种技巧组合使用的结果，但对初学者来说，想要熟练掌握这些技巧是很难的，所以在初学拍摄时，可以使用一些较为简单的构图技巧，比如留白和视线引导。

留白是构图中很常用的方法，能够让画面更加简洁，重点突出画面中的主体，以营造意境丰富的画面。留白也是减法构图的一种方式，非常容易理解和操作，就是减少画面中的元素，在构图时给画面多留些空白，如干净的天空、路面、水面、雾气、虚化了的景物等，这样不会干扰观众的视线，如图 1-15 所示。

而视线引导就是运用场景内的拍摄对象将观众视线引向一个特定的物体、人物或者画面中的某一处。视线引导通常需要利用较长的物体（如一排栅栏或一条蜿蜒的道路）来完成，这个技巧可以使观众在面对复杂的场景时明白自己应该看向何处，如图 1-16 所示。

图 1-15

图 1-16

1.2.2 镜头节奏

镜头节奏指的是在短视频中，通过镜头的切换、运动、时长等因素所形成的一种视觉上的节奏感和韵律感。一个好的镜头节奏能够吸引观众的注意力，增强视频的感染力和吸引力，使观众更好地理解和接受视频内容。

长镜头通常用于展现细节、营造氛围或表达深沉的情感。长镜头能够给观众带来稳定、沉思的视觉感受。而短镜头则适用于快速切换的场景，能够产生紧凑、动感的节奏。短镜头的快速切换能够迅速吸引观众的注意力。

而运镜则可以通过移动机位、改变镜头远近、变化焦距等方式，为观众带来不同的视觉体验和情感冲击。常用的运镜技巧有推、拉、摇、移、跟随、升降等，合理使用运镜技巧，不仅能够突出拍摄主体和细节，增强画面的动感和空间感，还能跟随运动主体保持视觉连贯性，创造特殊视觉效果和氛围，丰富叙事手段，极大地增强短视频的艺术表现力和观赏性，图 1-17 所示为拉镜头。

图 1-17

1.2.3 环境氛围

场景选择是营造环境氛围的基础，不同的场景会给人带来不同的心理感受。比如，唯美的自然风景可以营造出治愈、和谐的氛围，如图 1-18 所示；而热闹的城市街头则可以营造出繁华、充满活力的氛围，如图 1-19 所示。所以在拍摄时，创作者需要根据视频的主题和情感需求，选择合适的场景来营造合乎视频主题的环境氛围。

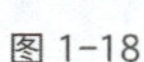

图 1-18

图 1-19

除了场景之外，光影效果也是影响环境氛围的关键因素。不同的光线可以塑造出不同的空间和质感，营造出独特的环境氛围。比如，柔和的日光可以营造出美好、自然的氛围，如图 1-20 所示；而强烈的阴影和对比则可以营造出孤单、压抑的氛围，如图 1-21 所示。所以在拍摄时，创作者要合理利用光影效果。

图 1-20

图 1-21

1.2.4 人物造型

人物造型对于角色塑造非常重要，它能够影响观众对角色的认知和情感的投射，好的人物造型能够深入人心，使角色更加鲜活、立体。下面介绍人物造型的一些设计原则。

1. 角色定位与特点

人物造型需要与角色的性格、职业、年龄、社会地位等特点相符合。比如，热情开朗、喜爱运动的角色，造型会偏向明亮、清新的色彩，发型和服饰也会更加简洁干练，如图 1-22 所示；而成熟的职场人士，造型会更为低调、稳重，如图 1-23 所示。

图 1-22

图 1-23

2. 服饰与道具

服饰和道具是人物造型的重要组成部分。通过选择合适的服饰和道具，可以强化角色的个性和特点。服饰不仅要符合角色的职业和身份，还要能够突出角色的性格特点。而道具则可以用来辅助表达角色的性格或职业等特点，比如，一个经常旅行的博主会随身携带背包和相机，如图 1-24 所示。

图 1-24

3. 妆容与发型

妆容和发型在人物造型中起着至关重要的作用，它们能够显著地影响一个人的外貌和气质，甚至在一定程度上改变整体形象。

妆容能够突出人物面部的优点，掩盖或弱化不足之处，如提亮肤色、修饰眼型、突出嘴唇等，从而美化整体面部形象。不同的妆容可以展现不同的风格，如自然妆、清新妆、烟熏妆、复古妆等。每一种妆容都有其独特的魅力，可以塑造出不同的形象，也可以作为一种表达情感的方式，如浓妆可能代表热情、个性或神秘，如图 1-25 所示；淡妆则可能代表清新、自然或温柔，如图 1-26 所示。

图 1-25

图 1-26

而不同的发型也可以修饰脸型，如长发可以拉长脸型，短发可以显得脸小，卷发可以增加脸部的立体感，等等。通过选择合适的发型，可以更好地展现出一个人的脸型优点。而且不同的发型可以展现出不同的气质，如卷发可能显得浪漫、温柔，直发则可能显得干练、利落，如图 1-27 所示。

图 1-27

1.2.5 思想感情

短视频作为一种视觉艺术形式，其思想感情的表达至关重要。通过精心构思和剪辑，短视频能够迅速、直观地传达情感、观点和信息，触动观众的心灵。以下是短视频在思想感情表达方面的几个关键要素。

➢ 情感共鸣：短视频通过真实的情感表达，能够迅速与观众建立情感联系。无论是喜悦、悲伤、愤怒还是惊讶，强烈的情感共鸣能够增强视频的感染力和传播力。

- 故事叙述：短视频虽然时间短暂，但可以通过紧凑的故事叙述来传达思想感情。在短视频中，可以利用起承转合的结构来构建故事，通过情节的推进和冲突的解决，展现人物性格和情感变化，进而表达视频的主题和思想。
- 视觉表达：通过精心的画面构图、色彩运用和镜头运用等手段，可以营造出不同的氛围和情绪。例如，利用色彩对比和光影效果来突出情感冲突和进行氛围渲染；通过镜头的推、拉、摇、移来展现人物内心的变化和场景的变化。
- 配乐与音效：配乐和音效是短视频思想感情表达中不可或缺的元素。不同类型的音乐和音效可以传达不同的情感和情绪，如欢快的音乐可以带来愉悦和轻松的氛围，悲伤的音乐则能够引发观众的共鸣和思考。
- 文字与旁白：在短视频中，文字和旁白也是表达思想感情的重要手段。通过简洁明了的文字说明和旁白解说，可以进一步解释和强调视频的主题和思想。

第2章

拍摄工具的使用技巧

拍摄离不开各种工具，每个工具都有一定的用处，只有充分了解这些工具才能发挥它们应有的作用。拍摄常用的工具主要有手机、相机、三脚架、稳定器等，这些工具通常需要相互配合才能使拍出来的画面具有更好的视觉效果。本章将介绍拍摄视频时常用的工具及其使用技巧。

2

2.1 拍摄设备

拍摄短视频离不开拍摄设备，对于短视频创作者来说，手机和相机都是比较常用的设备，下面将分别进行介绍。

2.1.1 手机

市面上的手机品牌越来越多，质量也越来越好，面对品种多样、功能不一的手机，如何挑选一台称心如意、适合拍摄短视频的手机呢？挑选手机的首要原则，是要根据自身对拍摄视频的需求及预算来综合考虑，下面为大家归纳2点优先考虑因素。

1. 分辨率

如果对画面清晰度要求较高，那么在选购手机时，首先要查看手机拍摄视频的清晰度是否可达到4K标准。4K分辨率属于超高清分辨率，拍出的画面非常精细，能够实现电影级画质效果。下面分别以华为手机和苹果手机为例，为各位读者讲解查看视频拍摄分辨率的操作方法。

（1）华为手机

打开华为手机的原相机，切换至“专业”模式，点击屏幕右上角的“设置”按钮⚙，进入“设置”界面后，点击“分辨率”即可查看该机型是否支持拍摄4K视频，如图2-1～图2-3所示。

图2-1

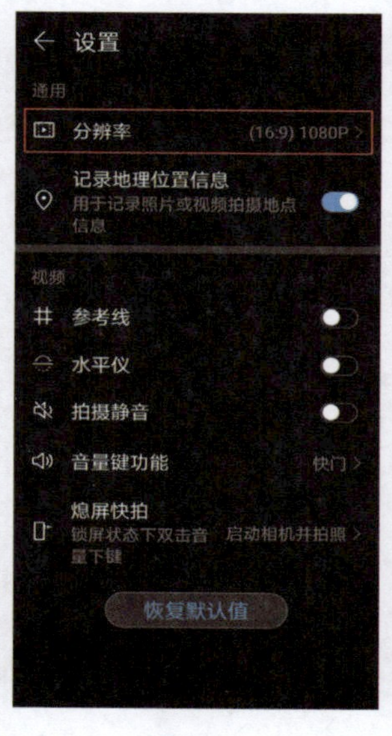

图2-2

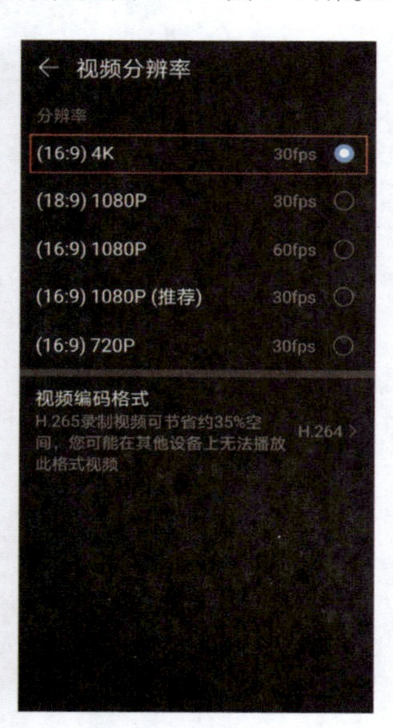

图2-3

（2）苹果手机

苹果手机查看分辨率的方法和华为手机有所不同，首先需要进入手机的“设置”界面，向上滑动手机屏幕，找到“相机”📷选项，进入“相机”设置界面，接着点击“录制视频”选项，进入下一级界面后即可查看并设置拍摄视频的分辨率，如图2-4～图2-6所示。

图 2-4

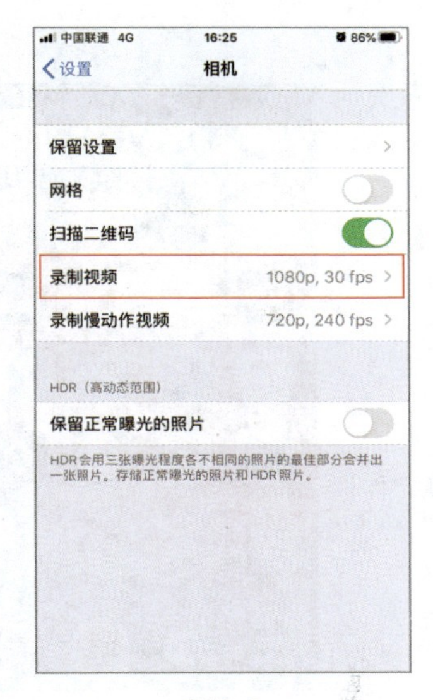

图 2-5

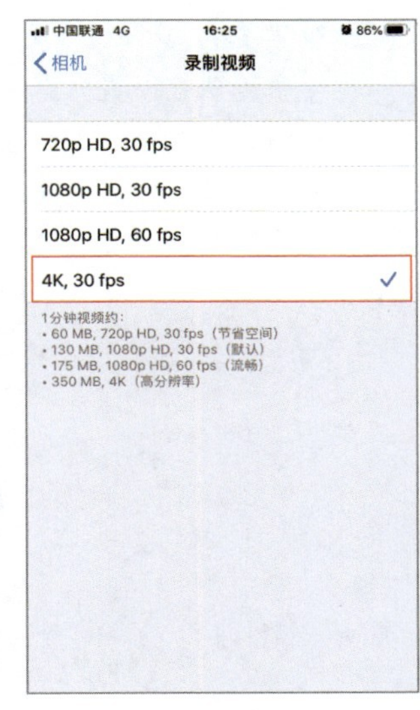

图 2-6

2. 运行内存

拍摄短视频之前，还需要查看手机的运行内存，这关乎到软件运行的流畅程度。不同手机对于运行内存的要求也有所不同，Android系统手机的运行内存要求一般为4GB及以上，iOS系统手机的运行内存一般为2GB~6GB。

（1）华为手机

想要查看华为手机的运行内存，可以在主界面中点击“设置”图标，进入系统“设置”界面，点击“关于手机”后进入下级界面，即可查看手机“运行内存”参数，如图2-7和图2-8所示。

图 2-7

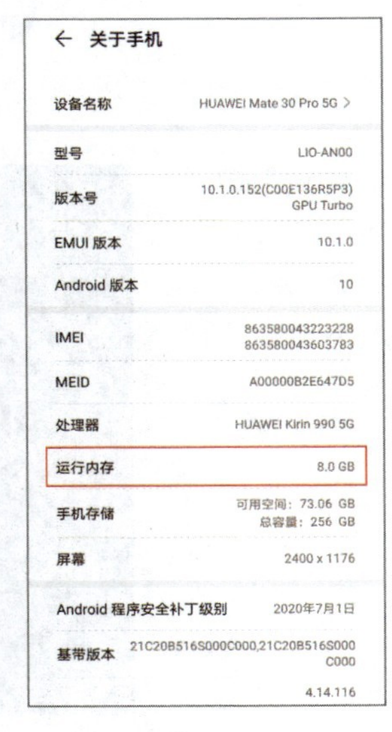

图 2-8

（2）苹果手机

苹果手机无法在设置界面中直接查看运行内存，因此需要下载手机硬件管家App，安装并打开软件后，即可查看手机运行内存，如图 2-9 和图 2-10所示。

图 2-9

图 2-10

提示： 在拍摄短视频前，先问问自己需要拍些什么东西，如果拍摄的内容多为日常生活片段，那么对于手机的要求可以适当降低一些，基本的拍摄功能即可满足日常拍摄需求；如果平时喜欢用手机记录旅途、拍摄Vlog，具有防抖功能的手机可以优先考虑；如果想要打造短视频IP或进行企业宣传，那就需要精细且高清的画质。此外，拍摄此类视频在后期需要剪辑大量的视频片段，工作量较大，对于手机的运行速度要求较高，为了更流畅、高效地工作，在预算充足的情况下可以购买品牌的旗舰机型。

2.1.2　单反相机和微单相机

如果创作者具备一些拍摄的基础知识，且资金较为充足，可以考虑选用相机作为短视频的拍摄器材。相机有很多种类型，比较常用的相机主要有单反相机和微单相机，下面将分别进行介绍。

1. 单反相机

单反相机（Single Lens Reflex，SLR）的全称是单镜头反光式取景照相机，是指单镜头，并且光线通过此镜头照射到反光镜上，通过反光取景的相机，如图 2-11 所示。

图 2-11

单反相机拍摄短视频的优势主要在于其比手机拥有更高的画面质量和更丰富的镜头可供选择，同时其价格和使用的综合成本又低于摄像机，且兼顾静态和动态的图像画面拍摄，一机两用，具有极强的便利性。单反相机拍摄的视频画面质量更高，其原因主要是单反相机的感光元件、动态范围、编码码率和镜头直径都比手机更大。单反相机的另一优势是镜头可以拆卸和更换，即可以选择不同的镜头拍摄不同景别、景深及透视效果的画面，丰富视觉效果。表 2-1 所示为不同型号单反相机的性能介绍。

表 2-1

型号	价格范围	性能优势	主拍类型
尼康 Z5	7000 元以上	（1）配备了 2430 万像素的全画幅 CMOS 传感器，能够提供出色的画质和丰富的细节 （2）拥有 273 点自动对焦系统，覆盖画面的水平和垂直方向约 90% 的范围，对焦速度快且准确 （3）支持 4K UHD 视频录制，画面清晰细腻，色彩还原准确。同时，相机配备了电子防抖功能，有效降低手持拍摄时的抖动，使视频画面更加稳定 （4）具有 5 轴防抖功能，可以降低因相机抖动而导致的模糊，提高拍摄的稳定性	Vlog、美食、剧情等室内动态类
佳能 EOS 6D Mark II	10000 元以上	（1）搭载了全新的 2620 万有效像素全画幅 CMOS 传感器，确保画面具有出色的画质和细节表现 （2）配备了全 45 点十字型自动对焦系统和全像素双核对焦技术，实现快速、准确的自动对焦 （3）添加了可翻转触摸屏幕，使拍摄和浏览照片更加方便，同时也支持自拍和 Vlog 录制 （4）常规感光度可达 ISO 40000，并可以扩展到 ISO 102400，适用于弱光环境下的拍摄 （5）DIGIC 7 影像处理器：配备 DIGIC 7 数字影像处理器，提供快速的数据处理能力和高画质表现	旅拍、短片、日常 Vlog 等

2. 微单相机

微单相机和单反相机最大的区别在于取景结构不同。单反相机采用光学取景结构，机身内部有反光板和五棱镜；微单相机则采用电子取景结构，机身内部既没有反光板，也没有五棱镜，如图 2-12 所示。

图 2-12

单反相机和微单相机在取景结构上的不同不影响成像效果与画质水平，也就是说两种类型的相机之间无绝对优劣之分。微单相机内部没有反光板和五棱镜等部件，因此普遍比单反相机的重量更轻，体积更小，具有更好的便携性。表 2-2 所示为不同型号微单相机的性能介绍。

表 2-2

型号	价格范围	性能优势	主拍类型
索尼 Alpha 6700	9000 元以上	（1）采用约 2600 万像素 APS-C 画幅背照式 Exmor R CMOS 影像传感器，结合先进的 BIONZ XR 影像处理器，能在低光环境下拍出优质画面 （2）引入 AI 智能芯片，实时识别人、动物、鸟类、昆虫、汽车、火车、飞机等七种主体，并实现高精度自动对焦，极大地提升拍摄灵活性和自由度 （3）支持最高 4K 120fps 视频拍摄，还加入了 S-Log3、S-Cinetone 等色彩模式，使拍摄出的视频色彩丰富，富有电影感 （4）内置 5 轴防抖影像稳定系统能有效提升手持拍摄稳定性	Vlog、纪录片、产品广告等
富士 X100V	10000 元以上	（1）富士 X100V 采用 APS-C 画幅 X-Trans CMOS IV 传感器，搭配 X-Processor 4 影像处理器，有效像素达到 2610 万。能够呈现出高清晰度和丰富色彩层次的画面，适合各种摄影场景 （2）拥有独特的机械感和复古风格。其控制布局和手动操作环设计精良，为摄影师提供了更多的手动控制选项，让拍摄过程更加有趣和富有挑战性 （3）支持自动和手动对焦方式。其自动对焦系统能够快速准确地捕捉移动中的物体 （4）富士 X100V 支持 4K 30fps 的视频拍摄，同时还具备多种视频拍摄模式和功能，如高速视频、延时拍摄等，能够满足不同用户的拍摄需求	剧情、旅行、美妆和穿搭等
佳能 EOS R6 Mark II	10000 元以上	（1）具备便捷的旋转触摸屏，侧翻屏、旋转屏以及触摸屏的设计显著提升了使用的灵活性。无论是低角度还是高角度的拍摄，或者是自拍和 Vlog 录制，都能带来极简舒适的操作体验 （2）ISO100~102400 的宽广感光度范围，保证了在多变光线中的适应力与成像稳定性 （3）支持包括 6K 超采样全画幅无裁切 4K 60fps 视频录制，全高清 179.82fps 高帧率等视频格式录制，满足专业视频创作者的需求	Vlog、体育赛事、动物等各种视频类型

2.1.3 运动相机

运动相机是一种专门用于记录运动画面的相机，特别是体育运动和极限运动。由于这种相机拍摄的是运动中的对象，且通常安装在滑板底部、宠物身上、运动对象的头盔顶部等，所以，运动相机必须具备防水防摔防尘、结实耐用，体积小、可穿戴、不影响摄像活动，以及超强的防抖技术这 3 大基本特性。表 2-3 所示为不同型号运动相机的性能介绍。

表 2-3

型号	价格范围	性能优势	主拍类型
GoPro HERO12 Black	3000元左右	(1)10-Bit色彩深度引入，使得HERO12 Black能够呈现超过10亿种颜色，视频色彩过渡顺畅、逼真。Log模式为用户提供更多细节捕捉能力，并为后期制作提供更大调色空间 (2)在充满电后可以连续录制70分钟的5.3K 60fps视频。这一进步意味着用户在长时间户外活动时也能持续捕捉精彩瞬间，无需充电 (3)具有10米防水性能，适用于各种极端环境。新增1/4螺丝口增加更多配件兼容性，搭配Max镜头组件2.0，还能呈现出令人震撼的广角影像	Vlog和体育类（常见户外运动，例如骑自行车、游戏、徒步和越野跑等）
大疆Osmo Action 4	2000元左右	(1)Osmo Action 4采用了1/1.3英寸CMOS传感器，单个像素等效尺寸达2.4 μm，这使得其在运动场景和弱光环境下的画质表现更为纯净。支持4K 120fps的视频录制，能够捕捉到细节丰富的超高清影像。D-Log M色彩模式提供了更好的动态范围和后期调色空间，使得拍摄场景的色彩表现更为真实 (2)裸机防水能力达到了18米，是目前在售运动相机中裸机防水领域的佼佼者，适合水下拍摄。新增了水下色彩还原功能，能够还原通透、自然、真实的水下色彩 (3)兼容多种配件，如骑行配件套件、GPS蓝牙遥控器、潜水配件套件和车载吸盘等，增强了相机的适用性和扩展性。这些配件能够满足用户在不同场景下的拍摄需求，如骑行、潜水、车载等	日常的户外短视频均适用

2.1.4 无人机

无人机拍摄已经是一种比较成熟的拍摄方式，不仅在很多影视剧中使用无人机来拍摄大全景，而且无人机也被广泛应用于短视频拍摄。无人机拍摄的短视频具有高清晰、大比例尺、小面积等优点，且无人机的起飞降落受场地限制较小，在操场、公路或其他较开阔的地面均可起降，其稳定性、安全性较好，并且便于转移拍摄场地。但无人机拍摄也有劣势，主要是成本太高且存在一定的安全隐患。

无人机由机体和遥控器两部分组成，机体中带有摄像头或高性能摄像机，可以完成视频拍摄任务；遥控器则主要负责控制机体飞行和摄像，并可以连接手机和平板电脑，实时监控拍摄并保存拍摄的视频，如图 2-13所示。

图 2-13

无人机主要用于拍摄自然、人文风景，通过大全景展现壮观的景象。使用无人机拍摄短视频需要注意以下几点。

（1）考虑画面质量和传输问题：无人机拍摄有广阔的视角，所以需要广角摄像镜头，这样才能获得较好的视频质量。无人机拍摄的视频画面通常需要通过连接到手机或平板电脑上实现实时观看，这都是在选择无人机拍摄短视频时应考虑的问题。

（2）选择操控方式：通常，用于视频拍摄的无人机可以通过遥控器、手机和平板电脑以及手表、手环甚至语音等实现操控。遥控器是主流的操控方式，手机和平板电脑的操控则需利用App，拍摄时可根据操控的难易程度和操控习惯进行选择。

（3）综合考虑便携性和拍摄质量：一般来说，在户外使用无人机的概率较大，这就要求无人机整个装备的便携性要强。但是轻巧的无人机也不一定好，所以要根据具体情况来选择。轻巧的无人机扛不住风吹，稳定性可能差，进而影响拍摄质量。如果需要进行高质量拍摄，就只能选择相对笨重的无人机了。

（4）要考虑电池续航能力：出门在外，充电可能不方便，所以电池续航对于无人机来说是很重要的，一般电池续航时间越长越好。通常高端的无人机的电池续航能力更强一些。

总之，无人机作为一种短视频拍摄的摄影摄像器材，不如手机和相机常用，只是在需要拍摄一些特殊的视频画面时才使用，其定位更多的是一种短视频拍摄的辅助器材。

2.2 拍摄设置

对于绝大多数人来说，拍短视频起始只要一部手机就足够了，手机轻巧、方便，想拍就可以拍，是新手最佳的拍摄工具。近两年的手机在摄影摄像功能上的开发，已完全可以满足我们的视频拍摄需求。手机中有很多专业功能，能满足很多视频拍摄的技巧要求，后期剪辑时用手机导入也会比较轻松。本节主要介绍手机短视频拍摄的一些基本设置。

2.2.1 拍摄模式

现在市面上大多数手机都提供了多种拍摄模式，以华为手机为例，有“慢动作”“延时摄影”“动态照片”“流光快门”等多种模式，如图 2-14 所示。拍摄之前选择好拍摄模式，可以帮助用户拍出不一样的视频效果。

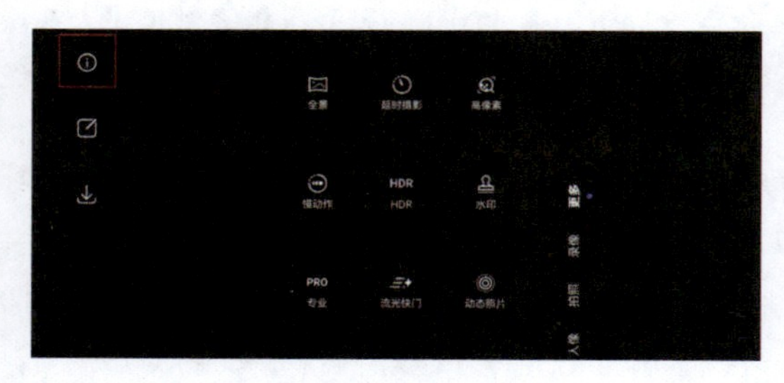

图 2-14

其中“慢动作”和“延时摄影”在短视频中的应用最为广泛，下面将分别进行介绍。

1. 慢动作

正常情况下，电影放映机和摄影机的转换频率是同步的，即每秒拍 24 幅，放映时也是每秒 24 幅。这时画面按正常速度播放。如果摄影师在拍摄时，加快拍摄频率，如每秒拍 48 幅，那么同样的内容，播放时间会延长一倍，播放速度自然也降低了一半，这时屏幕上就会出现慢动作。这样的拍摄手法通常称为“慢镜头”。

慢镜头给人最直观的感受就是画面突然变慢了，所以比较适用于一些快速变化的景象，比如湍急的水流、下雨、下雪、动物的动作或是人物动作特写等，如图 2-15 所示。

图 2-15

慢动作的拍摄方法也比较简单，以华为手机为例，打开手机原相机，切换至“更多”选项后，在拍摄功能界面中选择“慢动作”功能，如图 2-16 所示。开启慢动作功能后，可点击拍摄对象旁的数值框设置慢动作倍数，如图 2-17 所示。

在录制过程中要尽量保证手机稳定，必要时可加装三脚架进行拍摄。将镜头对准运动状态下的物体，点击拍摄按钮进行录制。录制完成后，可在手机相册中对拍摄的慢动作片段进行编辑处理，如图 2-18 所示。

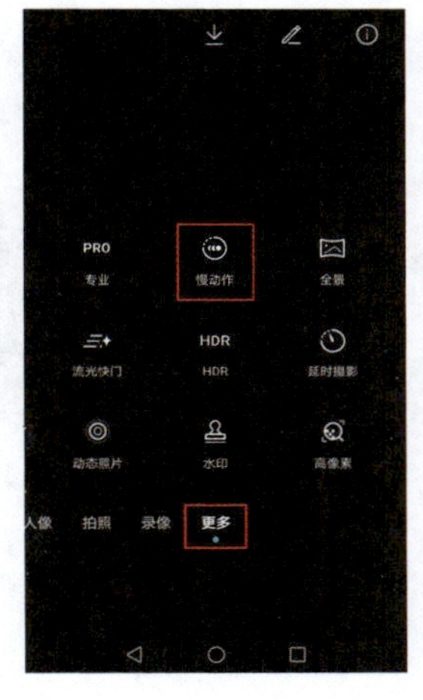

图 2-16

图 2-17

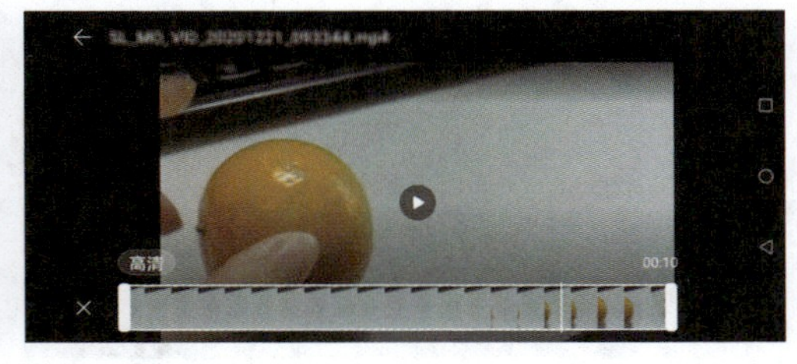

图 2-18

2. 延时摄影

延时摄影又叫缩时摄影，是一种将时间压缩的拍摄技术。其拍摄的是一组照片或视频，后期通过照片串联或是视频抽帧，把几分钟、几小时甚至是几天几年的过程压缩在一个较短的时间内以视频的方式播放，可以呈现出一种平时用肉眼无法察觉的奇异精彩景象。延时摄影通常用于拍摄变化比较缓慢的景物，比如记录花的绽放过程、城市的日夜更替等，如图 2-19 所示。

现在大部分的手机都具备延时摄影功能，只需切换到延时摄影模式，像拍摄视频、照片一样点击拍摄按钮就可进行拍摄。

图 2-19

下面将讲解如何使用手机的“延时摄影”模式，来拍摄天空中流动的云彩。以iPhone手机为例进行演示，拍摄前需准备一个三脚架，用于固定手机以拍出稳定的画面，具体操作方法如下。

01 首先确定画面构图。拿出手机，打开原相机，这时可以透过相机画面找寻合适角度。比如本例要拍摄天空，那就可以放低相机，通过较低的角度将天空摄入画面，如图 2-20和图 2-21所示。

图 2-20

图 2-21

02 找好拍摄角度后，安装并调整三脚架至合适高度，然后将手机加装到三脚架上，如图 2-22所示。

03 将手机切换至“延时摄影”模式，根据实际情况微调画面曝光，选择合适的对焦位置，使天空中的云彩得到较好的显示，如图 2-23所示。

图 2-22

图 2-23

04 长按对焦框3秒，完成自动曝光及自动对焦锁定。完成一系列设置后，点击拍摄按钮开始拍摄视频，如图 2-24所示。

05 拍摄一段时间后，再次点击拍摄按钮完成延时拍摄，并对拍摄的延时效果进行查看，可以看到画面中的云彩随时间的推移而快速移动，如图 2-25所示。

06 如果想表现建筑局部与空中云彩的关系，可加装手机长焦镜头来缩小画面景别，如图 2-26所示。可以看到在镜头前加装长焦镜头后，画面的景别变小了，建筑屋檐这一局部得到表现。

07 加装手机长焦镜头后拍摄的延时效果如图 2-27所示。

图 2-24　　图 2-25

图 2-26　　图 2-27

2.2.2 分辨率

分辨率是指画面的清晰程度，分辨率越高，呈现的画面越清晰，细节更加丰富细腻；分辨率越低，画面将会越模糊。480p、720p、1080p和4K是目前比较常见的分辨率。

1. 480p标清分辨率

480p属于视频中比较基础的分辨率，它的画质偏低，清晰度一般，但占手机内存小，如果网络不太好，在这个分辨率下，视频也能够正常播放。

2. 720p高清分辨率

720p一般在手机中表示为HD 720p，它的分辨率为1280 × 720。720p比480p的画质更加清晰，拍摄的视频还具有立体声效果，对于手机内存和网络要求也比较适中，不管是对于拍摄视频还是观看视频，720p都是一个不错的选择。

3. 1080p全高清分辨率

1080p的像素分辨率为1920 × 1080，在手机中表示为FHD 1080p，其中FHD是Full High Definition的缩写。1080p有着更高的清晰度，对于画面细节展示得更加清楚，还延续着720p的立体声，对网络的要求也更高。如果想要播放1080p分辨率的视频，建议最好使用无线局域网观看。

4. 4K超高清分辨率

4K拥有4096 × 2160的像素分辨率，是2K投影机和高清电视分辨率的4倍，属于好莱坞大片的分辨率标准。观众可以看清画面中的每一个细节和特写，色彩也非常鲜艳丰富，能带给观众极佳的观影体验。

下面以华为手机为例，讲解在拍摄视频时设置分辨率的方法。在拍摄时，点击录制界面的“设置”按钮，如图 2-28所示，进入设置界面选择“视频分辨率”选项，如图 2-29所示，即可设置视频的分辨率，设置界面如图 2-30所示。

图 2-28

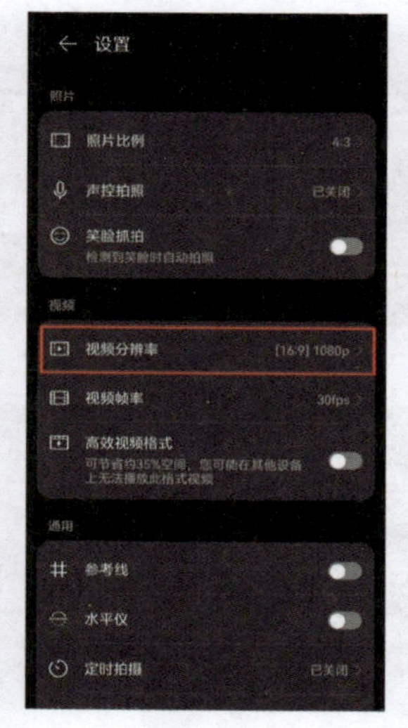

图 2-29

图 2-30

2.2.3　帧率

通俗来讲fps就是指一个视频里每秒展示出来的画面数。例如，一般电影是以每秒24幅画面的速度播放，也就是1秒内在屏幕上连续显示24幅静止画面。由于视觉暂留效应，观众看到的画面是动态的。很显然，每秒显示的画面数多，视觉动态效果就流畅；反之，如果每秒显示的画面数少，观看时就会有卡顿的感觉。

下面以华为手机为例，讲解在拍摄视频时设置帧率的方法。

在拍摄时，点击录制界面的“设置”按钮⚙，如图2-31所示，进入设置界面选择“视频帧率”选项，如图2-32所示，即可设置视频的帧率，设置界面如图2-33所示。

图 2-31

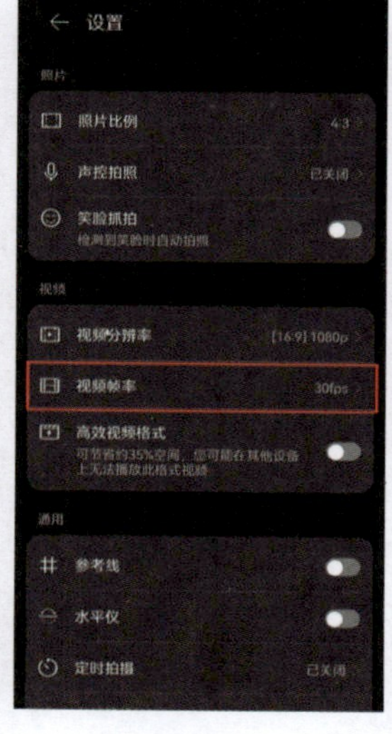

图 2-32

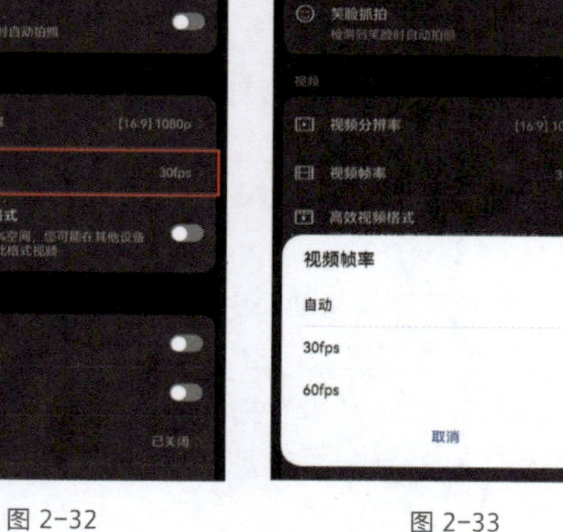

图 2-33

2.2.4 拍摄画幅

在拍摄视频的过程中，要根据不同的场景、不同的拍摄主体，以及拍摄者想要表达的不同思想来适当变换画幅。画幅在一定意义上影响着观众的视觉感受，为视频选择一个合适的画幅，是拍摄优质短视频的关键。

1. 横画幅

使用横画幅拍摄的画面呈现出水平延伸的特点，比较符合大多数人的视觉观察习惯，可以给人带来自然、舒适、平和、宽广的视觉感受，十分适用于拍摄风景类的短视频，能更好地呈现风景的壮阔美感，如图 2-34 所示。另外，横画幅还可以很好地展现水平运动的趋势，如果要拍摄奔跑的运动员、行驶的车流等动态场景，也可以考虑首选横画幅。

图 2-34

2. 竖画幅

竖画幅是如今短视频领域中非常常见的一种画幅，尤其是人物主题的视频，如图 2-35 所示。竖画幅只需拍摄者竖持手机进行拍摄即可，相对横画幅来说，竖画幅可以把人物天然“拉长变瘦”而不是“变宽变胖”，能够让主播或用户更好地展现自身形象，因此以手机 App 平台为主的视频主播多以该画幅为主。

图 2-35

3. 方画幅

方画幅是指画面呈现的是正方形，长与宽的比例是 1:1，如图 2-36 所示。方画幅给人以中规中矩的感觉，使用这种画幅时，要合理控制画面中的元素，避免造成呆板的视觉效果。

4. 宽画幅

宽画幅具有很大的宽度，长与宽的比例一般是在 2:1 甚至更大，看上去很狭长，它比横画幅的延展性更强，如图 2-37 所示。宽画幅对横向结构的景物有着更加夸张的表现力，所以很多风光摄影师喜欢使用这种手法，它能够带给观众一种宽阔的视觉效果，使观众有一种一幅画卷在眼前徐徐展开的观看体验。

图 2-36

图 2-37

2.2.5 白平衡

白平衡是一个调节画面整体颜色的功能，正确设置白平衡数值能够减少色差、还原画面的真实色彩。白平衡设置的数值越大，画面越偏黄；数值越小，画面越偏蓝，如图 2-38 所示。

通常，手机相机会默认处在自动白平衡状态，简言之就是相机会自动设定一个它觉得正常的白平衡数值，来帮助拍摄者快速拍摄颜色正常的视频画面。在复杂光源环境中移动的过程中，例如从阳光明媚的室外环境进入到一个采光较差、氛围光较多的室内环境时，相机的自动白平衡模式能够及时发现画面光源变化，调整画面白平衡，避免画面明暗变化太大。

图 2-38

提示：虽然可以通过后期处理对画面颜色进行调节，但是后期可以处理的问题毕竟有限，画面色彩偏差过大的素材可能无法使用。因此，对于视频制作者来说，最好在进行拍摄时就使画面的白平衡处于正常的范围内，这样可以提高素材的利用率，以便后期工作顺利进行。

2.3 正确曝光

正确曝光可以获得清晰的画面细节，还可以实现一些风格化的拍摄。在进行拍摄时，拍摄者需要根据拍摄主体所处的场景以及拍摄需求，适当调整曝光度，以获得最佳画面。

2.3.1 曝光三要素

曝光，简单来说就是指画面的亮度。在进行拍摄的过程中，有时会出现部分画面很亮、部分画面很暗和部分画面亮度适中的情况，用专业术语来说，这三种情况分别被称为曝光过度、曝光不足和合适曝光。而决定曝光程度的三个要素则是光圈、快门速度、感光度，如图 2-39所示。其中，光圈控制进光量，快门速度控制曝光时间，感光度决定感光元件对光线的敏感程度，这三个要素共同影响画面的曝光程度。

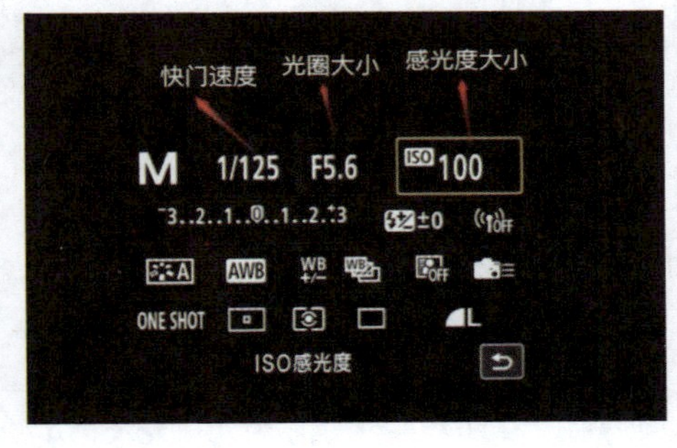

图 2-39

2.3.2 光圈

光圈是镜头内控制进入相机的光线量的一种装置。在焦距固定的情况下，光圈值越小，实际进光量越大，画面越亮。光圈值越小的镜头价格通常越高，尤其是变焦镜头，并且变焦镜头的光圈会随着焦距的变化而变化。而大光圈值的定焦镜头则相对较便宜。常用的光圈值有F1.4、F2、F2.8、F4、F5.6、F8等，如图 2-40所示。

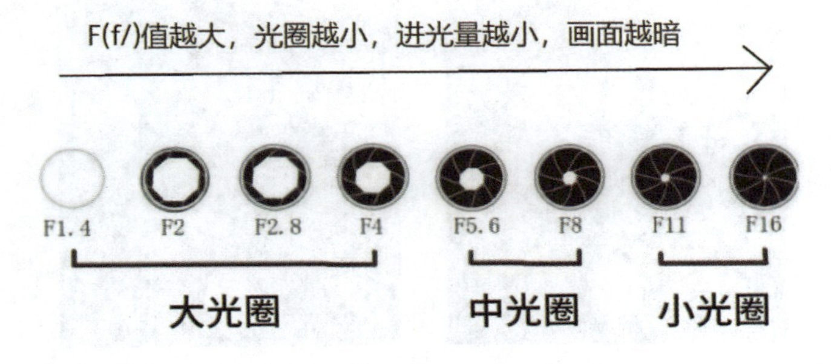

图 2-40

2.3.3 快门速度

快门速度指的就是快门打开时间的长短，在相机的专业模式中用“S”表示，比如1/4000s、1/4s等。该数值越大，曝光时间越长，画面就会越亮；该数值越小，曝光时间越短，画面就会越暗。

快门速度还可以分为高速快门和慢速快门。慢速快门用来记录画面的运动轨迹，比如拍摄夜景、流水、星轨、街道等，如图2-41所示。高速快门适用于抓拍，比如拍摄快速奔跑的动物、人物面部表情特写、飞驰的汽车等，如图2-42所示。

图2-41

图2-42

2.3.4 感光度

感光度即ISO，是指手机镜头内的感光元件对拍摄环境光线的敏感度。ISO数值越高，画面越亮，画面的质量也会下降，噪点也就越多，如图2-43所示。ISO数值越低，画面就会越暗，但画面清晰，如图2-44所示。因此在光线充足的环境下拍摄，感光度值越低越好，但是在拍摄夜景时，可以适当调高感光度值。

图2-43

图2-44

2.3.5 对焦

对焦，是指在用手机拍摄视频时，调整好焦点距离。对焦是否准确，决定了视频主体的清晰度。用手机进行对焦很简单，只要在用手机拍照的时候用手指触碰一下屏幕，就会看到屏幕上出现一个对焦框，如图 2-45 所示。对焦框的作用就是对其所框住的景物进行自动对焦和自动测光。也就是说，在这个对焦框范围内的画面都是清晰的；在纵深关系上，焦点前后的景物会显得稍微模糊一些。

在拍摄时，一定注意点击的位置是否为希望对焦的位置。如果发现位置不准确，就需要重新点击屏幕进行对焦，如图 2-46 所示的画面在拍摄时就对焦到了笔记本上，导致主体模糊。

但手机的CMOS尺寸一般都比较小，所以景深往往会比较大。在录制视频时，对某个较远的区域对焦后，其附近的区域也会保持清晰。所以在运镜范围不大，并且希望能拍清晰的景物距离手机较远的情况下，不需要担心手机的对焦问题，如图 2-47 所示的画面中，在对准热气球进行对焦后，周围的景物也都是清晰的。

图 2-45

图 2-46

图 2-47

2.4 认识景深

景深指的是相机对焦后画面中形成清晰图像的纵深范围。下面将介绍景深大小和影响景深的因素。

2.4.1 景深大小

前景和后景比较模糊的画面的景深称浅景深或小景深。浅景深的画面清晰部分的范围小，通常用来突出主体，如图 2-48 所示。深景深也称为大景深。深景深的画面清晰部分的范围大，前景和后景都比较清晰，适合用来加强画面的纵深感，如图 2-49 所示。

图 2-48

图 2-49

2.4.2 影响景深的因素

影响景深的因素主要有焦距、光圈与拍摄距离，下面分别进行介绍。

➢ 光圈：光圈越大，光圈值越小，景深越浅；光圈越小，光圈值越大，景深越深。

➢ 焦距：焦距越长，景深越浅，背景越模糊；焦距越短，景深越深，背景越清晰。

➢ 拍摄距离：拍摄距离越近，景深越浅，背景越模糊；拍摄距离越远，景深越深，背景越清晰。

在实际拍摄中，可以根据创作需求，通过调整光圈、焦距和拍摄距离来控制景深，以达到理想的画面效果。例如，在拍摄人像时，可以使用大光圈和长焦距来营造浅景深效果，突出主体并模糊背景，如图 2-50 所示；而在拍摄风光时，则可以使用小光圈和短焦距来获得较大的景深，让画面中的每个元素都清晰呈现，如图 2-51 所示。

图 2-50

图 2-51

2.5 三脚架

如果一段视频的画面一直是摇晃的，很容易使观众产生视觉疲劳。三脚架能够提供稳定的支撑，解决画面不稳定的问题，是视频拍摄必备的工具之一。

2.5.1 种类选择

三脚架的种类很多，如图 2-52 所示。在不同的拍摄情况下应该选择不同的三脚架。拍摄角度较低的镜头或者放在桌子上拍摄时，高的三脚架可能就不太合适，需要矮一点的三脚架。使用相机拍摄，有时镜头很重，为了防止重心不稳，需要使用一个较重的三脚架，如果三脚架太轻就有可能摔坏相机。

所以在选择三脚架时需要注意它的材质、高度及稳定性。常见的材质有铝合金和碳纤维，尽量不要选择塑料的。拍摄时最好配备一高一低两个三脚架，两者可以相互配合使用，这样低角度仰拍、平拍、高角度俯拍都可以顾及。而三脚架的稳定性则主要取决于 3 条支撑腿的粗细和重量，不建议选择重量过轻的，因为遇到大风天气或者使用长焦镜头时，相机和镜头很容易摔倒。

图 2-52

2.5.2 云台

云台是连接相机与三脚架的装置，一般在购买三脚架时都会配有云台，如果经常使用手机拍摄，也可以直接准备一个三轴手机云台。作为一款辅助稳定设备，手机云台通过陀螺仪来检测设备抖动，并用三个电机来抵消抖动，以确保画面的流畅和稳定；同时握持方便，可以适应多种场景的拍摄需求。图 2-53 所示为 DJ 大疆灵眸 Osmo Mobile 2 防抖三轴手机云台。

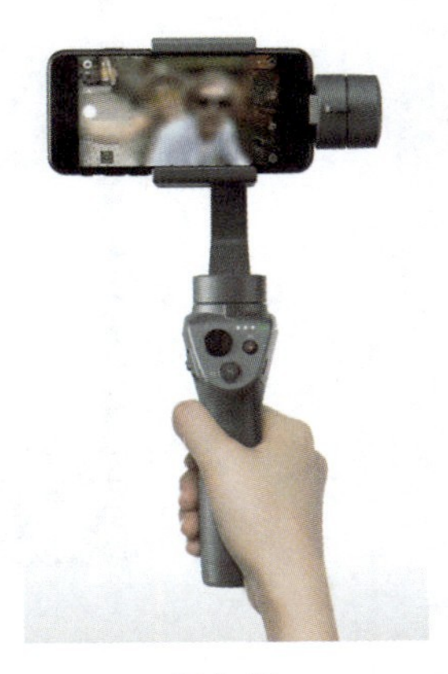

图 2-53

2.5.3 基础用法

下面以智云 SMOOTH 4 云台为例，介绍手机和云台的连接和使用方法。其余品牌的云台操作方法基本类似，具体请查阅对应的说明书或者问询相关客服人员。

01 下载对应的App。这里值得一提的是，不同厂家生产的云台都配备了独立的拍摄应用，云台的大部分拍摄功能也需要通过安装应用来实现。在使用云台前，用户需要自行安装云台对应的App。比如智云SMOOTH 4云台就需在应用商店下载安装ZY PLAY App，如图 2-54所示。

02 在完成手机的安装和平衡调整后，长按云台电源按钮开启设备。当设备激活后，开启手机蓝牙，并打开ZY PLAY App，在App主界面点击“立即连接”按钮，如图 2-55所示。

图 2-54

图 2-55

03 待蓝牙搜索到云台设备后，点击设备名称后的“连接”按钮，如图 2-56所示。待连接成功后，界面将出现提示信息，此时点击“立即进入”按钮，如图 2-57所示，即可进入拍摄界面。

图 2-56

图 2-57

04 进入拍摄界面后，如图 2-58所示，即可通过按键操控或触屏操控，实现智云SMOOTH 4云台各种拍摄功能的使用。

图 2-58

2.6　稳定器

稳定器主要用于稳定拍摄设备，通过内置的电机或其他机制来抵消手抖或运动造成的画面晃动，从而得到更稳定的画面。

2.6.1　手机稳定器

手机稳定器是一种专为手机设计的用于稳定拍摄画面的设备，如图 2-59 所示，能有效减少用户在站立、走动甚至跑动时由于手抖带来的画面抖动，保证拍摄画面的稳定性和清晰度。除了防抖功能外，许多手机稳定器还支持盗梦空间镜头拍摄、延时摄影、智能跟随、蓝牙遥控等高级功能，支持所有 App 跟拍，开机即用。

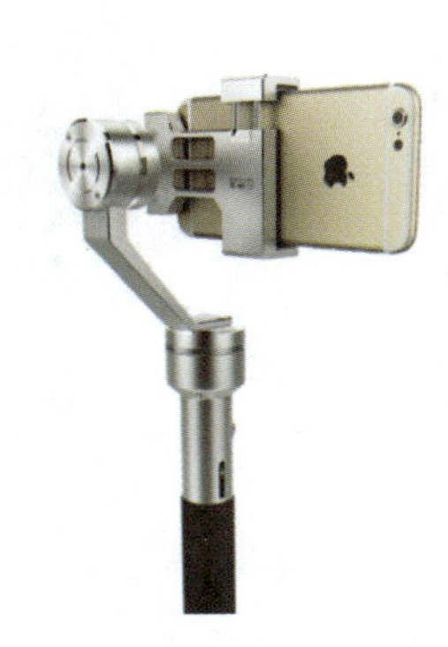

图 2-59

提示： 很多人都觉得三脚架、云台、稳定器的作用相似，但实际上三者还是有所区别的。稳定器主要用于减少拍摄设备的晃动，三脚架用于提供稳定的支撑，而云台不只可以减少抖动还能用于控制拍摄设备的角度和方向。

2.6.2　相机稳定器

相机稳定器是一种用于减少相机晃动和抖动的技术或装置，如图 2-60 所示，能够减小拍摄时的抖动和晃动。无论是手持还是通过其他方式拍摄，相机稳定器都能有效减少由于各种因素（如手抖、风吹等）带来的画面抖动，确保拍摄画面的稳定性和清晰度。不同于手机稳定器专为手机设计，体积较小、轻便易携，相机稳定器更加通用，可以适配不同型号的相机和镜头，适用于专业摄影和影视制作等高端场景。

图 2-60

2.6.3 使用姿势

使用时尽量用双手握住稳定器的手柄，并且双臂收拢，如图 2-61 所示，这样可以减轻走动时颠簸造成的晃动。双腿微微弯曲，将重心放低，小步慢移。向前走时脚跟先缓缓落地，向后退时脚尖先缓缓落地。另外，无论拍什么镜头，都要尽量保证手腕不晃，尤其是在稳定器较重时，手腕晃动容易造成机器的抖动，所以尽量用手臂控制拍摄角度。

图 2-61

2.6.4 练习技巧

稳定器的使用是需要勤加练习的，只有经过大量的练习，真正拍摄的时候才能运用自如。下面介绍一些常见的运镜手法的练习技巧。

- 推：手持稳定器朝场景或拍摄对象的方向推进，使画面的取景范围由大变小，突出拍摄主体。
- 拉：手持稳定器使镜头朝远离场景或拍摄对象的方向移动，画面的取景范围由小变大。
- 摇：借助于摇杆使手机镜头进行上下、左右拍摄，模仿人的眼睛在审视周围环境的动态。
- 移：手机镜头随稳定器沿着水平方向做左右横移，类似生活中人们边走边看的“巡视”状态。
- 升/降：选择全锁定模式，手持稳定器沿垂直方向向上或向下运动进行拍摄。
- 跟：手持稳定器始终跟随主体进行拍摄，给观众一种代入感。

2.7 广角镜头和长焦镜头

广角镜头拍摄的画面视角比一般镜头广，且其焦距较短，拍摄的画面景深比较深，智能手机基本都配有广角镜头。而用长焦镜头拍摄的画面视角比一般镜头窄，其焦距较长，使用长焦镜头拍摄较远的物体时，可以清晰捕捉到物体的细节。

2.7.1 广角近/远拍

广角镜头能够拍摄到比人眼更宽广的范围，尤其是在近距离拍摄时，能够突出画面的空间感和立体感。由于广角镜头的特性，近拍时画面边缘可能会产生一定程度的畸变，这种畸变有时可以作为一种艺术效果加以利用，如图 2-62 所示。

图 2-62

广角镜头在远拍时能够拍摄到更宽广的画面，捕捉到更多的景物和背景信息。通过广角镜头的拍摄，可以强调画面的纵深感，使画面更具立体感和空间感。广角远拍是风光摄影中最常用的拍摄方式之一，能够拍摄到宽广的画面和丰富的景物细节，如图 2-63 所示。

图 2-63

2.7.2 运动广角

运动广角是一种利用广角镜头来捕捉运动场景的拍摄技巧，广角镜头能够拍摄到比人眼更宽广的范围，这使得在拍摄运动场景时，能够捕捉到更多的运动员、观众以及背景信息，从而丰富画面的内容。如滑板、BMX、自行车、滑雪、跑步和网球等运动，使用广角镜头在近距离以仰拍视角进行拍摄，可以突出个人动作表现，使拍摄对象的动作显得更夸张、身体舒展，更具视觉冲击力，如图 2-64 所示。

图 2-64

2.7.3 鱼眼镜头

鱼眼镜头是一种焦距为16mm或更短的超广角镜头，其视角接近或等于180°。它的前镜片直径很短且呈抛物状向镜头前部凸出，与鱼的眼睛颇为相似，因此得名“鱼眼镜头”。鱼眼镜头力求达到或超出人眼所能看到的范围，拍摄的画面效果会超出实际生活中的固定形态。由于焦距很短、视角很大，所以能使景物的透视感得到极大的夸张。但由于视角远超人眼范围，可能会给人极其夸张和不真实的视觉感受，适合拍摄需要产生强烈视觉冲击力的场景，如风景、建筑内部、狭窄空间等，如图 2-65 所示。

图 2-65

2.7.4 长焦近/远拍

长焦近拍指的是使用长焦镜头在较近的距离拍摄物体或场景。长焦镜头的焦距一般较长，能够压缩景深，使得拍摄对象在画面中更为突出，同时实现背景虚化的效果。长焦近拍在人像摄影中尤为常用，能够突出人物的表情和细节，同时虚化背景，营造出一种独特的氛围。也适用于拍摄花卉、昆虫等微小物体，能够捕捉到它们的细节和纹理，同时实现背景虚化效果，如图 2-66 所示。

图 2-66

长焦远拍指的是使用长焦镜头在较远的距离拍摄物体或场景。长焦镜头的远摄能力能够在不干扰拍摄对象的情况下，捕捉到远处的细节和瞬间。比较适合拍摄野生动物，能够在不干扰动物的情况下，捕捉到它们的精彩瞬间和细节。也适用于风光摄影，能够捕捉到远处的山脉、建筑等景物的细节和壮丽效果，如图 2-67 所示。

图 2-67

2.7.5 运动长焦

运动长焦是利用长焦镜头的特性，如焦距长、视角窄、放大远处物体等，来捕捉运动员或运动场景中的精彩瞬间。在体育赛事中，运动员通常处于较远的距离，利用长焦镜头能够轻松捕捉到运动员的动作和表情，以及比赛的紧张氛围。无论是足球、篮球还是赛车等运动，长焦镜头都能为观众带来更加逼真的视觉体验，如图 2-68 所示。

图 2-68

第3章

短视频的镜头语言

如果说照片是瞬间的艺术，那么视频就是时间的艺术。视频与照片最大的区别，就在于视频可以通过将一个个动态的画面衔接在一起来讲述故事，这就是所谓的镜头语言。本章将从构图、景别、拍摄角度、运镜等方面对短视频的镜头语言做详细介绍。

3

3.1 短视频构图详解

构图是将画面中的各种元素进行搭配，交代主次关系，使画面看起来和谐，具有美感。不管是初学者还是有经验的摄影师，甚至是大导演，只要拍摄就离不开构图。构图的方式多种多样，每一种都有它独特的魅力。当然，拍摄视频有时不止用到一种构图方式，而是需要多方面结合，根据环境而改变。

3.1.1 画面的构成要素

画面的基本构成元素有主体、陪体、前景、背景等。通常前景和背景被统称为环境。每个元素在画面中的位置和所占的面积不同，带给观众的心理感受也不同。

1. 主体

主体既是画面的主要表达对象，也是画面构图的支点，画面中的其他元素都围绕主体设计构建。根据不同的拍摄对象，主体既可以是人，也可以是景或者物。在叙事类视频中，拍摄主体通常是故事的主人公，如图 3-1 所示；而在旅游宣传类视频中，拍摄主体就有可能是景点建筑了，如图 3-2 所示；在广告片中，显然拍摄主体是广告产品，如图 3-3 所示。

图 3-1

图 3-2

图 3-3

2. 陪体

主体的凸显离不开与之相辅相成的陪体。总体上来说，陪体的存在感要低于主体，但其表现效果却不容小觑。陪体可以对画面信息进行补充，暗示故事情节，如图 3-4 所示，人物手中的行李箱和头顶的指示牌说明主人公即将出游。陪体还能与主体形成对比，衬托出主体的某一特征，如图 3-5 所示，站在树下的小小人影使这棵树显得更为巨大。

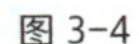

图 3-4

图 3-5

提示：在拍摄时需要注意的一点是，画面中出现的陪体要与主体相关联，或者要与主体所在的场景相适配，否则十分容易因为显得突兀而喧宾夺主，破坏画面的和谐感和美感。

3. 前景

前景位于拍摄镜头与主体之间，能够表现出一定的空间感，主要用来装饰画面，点缀环境，如图 3-6 所示。前景还可以起到均衡画面、美化构图等作用，创造很多出其不意的画面表现效果。

图 3-6

4. 背景

背景离拍摄镜头较远，通常在主体后面，因而也被称作后景。背景通常向观众交代画面主体所处的场所、环境，有时候也会用来烘托意境，有助于情感的表达。在图 3-7 所示照片中，画面主体是立交桥上撑伞站立的女子，而在远处作为背景的高楼大厦不仅交代了女子所在的地点，还以自身霓虹闪烁的热闹繁华衬托了女子的孤单寂寥。

图 3-7

3.1.2 常用的构图工具

根据不同的画面内容，构图时使用一些道具可以得到意想不到的效果。常见的构图工具有镜子、门窗、玻璃等，下面将分别进行介绍。

1. 镜子

镜子可以形成框架，将画面主体反射其中，使主体更加突出，这种构图方式可以产生画中画的效果，增加画面的创意感和吸引力。在拍摄人像时，可以利用镜子反射出人物的另一部分，形成一个对称或不对称的构图，增强照片的艺术感，如图 3-8 所示。镜子内外的画面还可以形成对比，如镜子中的蓝天白云与镜子外的落叶和泥土等，这种对比可以吸引观众的注意力，引导观众深入了解拍摄者的意图。无论是框架构图还是对比的应用，镜子都可以帮助摄影师更加突出画面中的主体，使主题更加明确。

2. 门窗

门窗本身可以作为框架，为画面提供一个天然的构图元素。同时，它们也可以作为前景，增加照片的层次感和深度。例如，在拍摄风光时，可以利用门窗作为前景，将观众的视线引导至远处的山峦或建筑，如图 3-9 所示。门窗还可以连接不同的空间，使照片中的元素相互关联。在拍摄时，可以利用门窗的这一特性，展现不同的视角和场景。

图 3-8

图 3-9

3. 玻璃

将玻璃作为前景，可以创造出许多独特的效果。例如，透过彩色玻璃拍摄可以赋予画面不同的色调和情绪，聚焦玻璃表面的特殊纹路（如裂纹或水珠）可以产生抽象或超现实的视觉效果，如图 3-10 所示。玻璃的倒影和反射也是拍摄时常用的构图元素，它们可以创造出虚实结合的效果，增加画面的层次感和深度，同时，倒影和反射还可以使照片呈现出一种对称美或重复元素的美，如图 3-11 所示。

图 3-10

图 3-11

3.1.3 常用的10种构图方法

对主体、陪体以及画面中的其他元素进行搭配、安排与设计，这就是构图。优秀的构图能够极大提升画面的表现效果。在对一幅画面进行构图设计的时候，要善于利用图中已有的元素，比如光线、色彩、轮廓线条等。下面给大家详细介绍日常生活中经常用到的10种构图方法。

1. 三分线构图

三分线构图法是指将画面横分或者竖分成三份，并且每一份都可放置主体景物，如图 3-12 所示。通常在使用三分线构图拍摄时将相机的参考线打开，可以很好地帮助拍摄，不管是两条横线还是竖线都可以把照片分成三份，主体放置在任意一条 1/3 线条处即可。这样构图可以让画面主体鲜明突出，构图简洁。三分线构图既适合拍摄风光也适合拍摄人像。拍摄风光时，可以把地平线放在三分线线条的位置，并根据想要突出的景物调整地平线放在哪一条三分线上，如图 3-13 所示。

图 3-12

图 3-13

2. 九宫格构图

九宫格构图也称三分构图和井字构图，实际上都属于黄金分割的一种形式。九宫格构图法是最常见也是最基本的构图方法。这个构图方法是把画面中的上下左右四个边都分成三等份，然后将这几个点用直线连接起来，这样就形成了一个汉字“井”，画面也就被分为了 9 个方格。构图时不要将拍摄主体放在正中间，而是将其放在左边或者右边，如图 3-14 所示。

九宫格构图可以利用相机中的“网格线”，拍摄的时候使主体处在画面的左三分之一或右三分之一处，便能实现九宫格构图。如图 3-15 所示，将太阳放在画面左三分之一处，将芦苇放在右边三分之一处，这种构图方式既能够突出主体，又能使画面增添一点留白，让整体看起来更加协调，视野更加广阔。

图 3-14

图 3-15

当使用九宫格构图法拍摄一张海边风光照时，可以将天空、海和沙滩分为三等份，位置差不多与九宫格的线条保持一致，如图 3-16 所示，这样就得到了一张构图严谨完美的照片。

3. 汇聚线构图

汇聚线构图是指出现在画面中的一些线条元素，向画面相同的方向汇聚延伸，最终汇聚到画面中的某一位置，如图 3-17 所示。利用这种线条的汇聚现象来进行构图的方式，就是汇聚线构图。汇聚线构图可以是实体线，也可以是抽象的视觉线条，如图 3-18 所示，线条延伸至远方没有尽头，给画面增加了纵深感，产生了近大远小的透视效果。

图 3-16

图 3-17

图 3-18

汇聚线还可以起到引导的作用，如图 3-19 所示，通过河流延伸至远方的山脉，将近处的风景和远处的风景结合起来，同时河流也起到了引导的作用，将画面变得更宏伟大气。

4. 对称构图

对称构图指的是画面具有对称性，并在画面中可以找到一条中位线。这里的对称并非绝对对称，绝对对称的画面在自然界中是很难找到的，这里所说的对称是指相对对称，也就是说中位线两侧的画面基本一致即可，不需要完全相同，如图 3-20 所示。

图 3-19

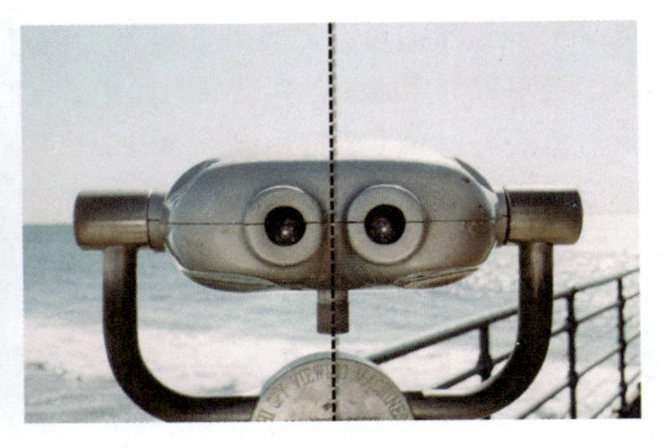

图 3-20

对称的方式有很多种，生活中绝大多数的建筑物采用的都是对称布局，且大多数都是左右对称。因此在拍摄建筑物时，运用对称式构图能给画面带来一种庄重的气氛，具有平衡、稳定的特点，如图 3-21 所示。

拍摄风景时，如果风景本身没有对称性，可以利用倒影拍摄对称图，比如海面、雨后积水处、镜子等，都可以拍摄出比较满意的上下对称构图，如图 3-22 所示。

图 3-21

图 3-22

5. 框架式构图

框架式构图简单来说就是在画面前景处用景物做一个“框架”，形成某种遮挡感，将观众视线引向中景、远景处的主体。这类构图的重点在于找到框架，并巧妙地利用框架，如图 3-23 所示。

不同的框架式构图，可以根据不同的形式来实现，比如门窗、洞口、镜框等都可以作为框架。如图 3-24 所示照片中，将旁边的泥土作为框架，将观众的视线直接引向外面的天空，使照片具有极强的穿透力。

图 3-23

图 3-24

除了一些天然的可以触摸到的框架可以利用之外，还可以利用光影创建框架。如图 3-25 所示照片就是利用光影所打造出来的一个框架，将主体放在框架中，观众的视线也能第一时间聚焦到主体。

图 3-25

6. 中心构图

中心构图是一种简单且常见的构图方式，通过将主体放置在相机或手机画面的中心进行拍摄，能更好地突出视频拍摄的主体，让观众一眼看到视频的重点，从而将目光锁定在拍摄对象上，了解拍摄对象想要传递的信息。中心构图拍摄视频最大的优点在于主体突出、明确，而且画面容易达到左右平衡的效果，并且构图简练，非常适合用来表现物体的对称性，如图 3-26 所示。

图 3-26

7. 前景构图

前景构图是指利用拍摄主体与镜头之间的景物进行构图，使画面具有层次感，内容更为丰富。前景构图分为两种，一种是将拍摄主体作为前景进行拍摄。如图 3-27 所示，将拍摄主体花卉作为前景进行拍摄，背景作虚化处理，可以让主体更加醒目，画面更有层次感。

另一种是将拍摄主体以外的事物作为前景进行拍摄。如图 3-28 所示，利用花朵作为前景在视觉上有一种向内的透视感，给人身临其境的感觉。

图 3-27

图 3-28

8. 斜线构图

斜线构图能使画面产生动感，并沿着斜线的两端产生视觉延伸，加强画面的延伸感。另外，斜线构图打破了与画面边框相平行的均衡形式，与其产生势差，从而使斜线部分在画面中被突出和强调。

拍摄时可根据实际情况，刻意将在视觉上需要被延伸，或者被强调的拍摄对象处理成画面中的斜线元素。比如，以斜线构图表现深入海面的浮桥，画面有非常好的视觉延伸感，如图 3-29 所示；以斜线构图表现建筑，既可以凸显其造型，也能为画面增添动感，如图 3-30 所示。

图 3-29

图 3-30

提示： 使用手机拍摄时，握持姿势较为灵活，为了使画面中出现斜线，也可以斜拿手机进行拍摄，使原本水平或垂直的线条在取景画面中变成一条斜线。

9. 对角线构图

对角线构图就是将主体安排在画面的对角线上，这种构图会使画面产生立体感、延伸感和运动感，能够很好地利用画面对角线的长度，同时也能使主体和陪体产生一定的视觉关系，如图3-31所示。对角线构图往往针对的是某一特定的景物，比如建筑摄影，利用对角线构图的特性，可以更好地吸引观众的视线。

图 3-31

10. 对比构图

对比构图可以将观众的注意力吸引到主体上，突出画面的中心。任何一种差异都可以形成对比，如虚实、动静、大小等，都可以作为对比。

（1）虚与实

观众在观看图像时，通常会将视线停留在比较清晰的对象上，对于较模糊的对象，则会自行忽略掉，虚实对比的表现手法正是基于这一原理，即让主体尽可能清晰，其他对象则尽可能模糊。在进行人像、花卉拍摄时，通常会使用虚实对比的手法来突出主体，以拍出唯美、梦幻的效果，如图3-32所示。

图 3-32

虚实对比还有其他方式，例如，将拍摄主体看作"实"，将主体的影子看作"虚"，影子是随处可见的，大家可以利用这一特点进行构图，如图3-33所示。

此外，还可以将深色的景物看作"实"，浅色的景物看作"虚"。例如，在风光摄影中，延绵起伏的山峦被烟雾围绕，颜色相对较深的山为"实"，颜色相对较浅的雾则为"虚"，这样一来就能形成虚实对比，如图3-34所示。

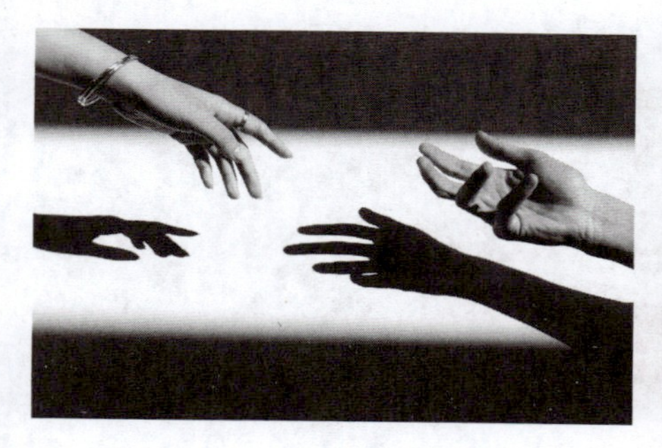

图 3-33

图 3-34

（2）动与静

将运动的主体与静态的背景放到一起拍摄，可以让主体对象更为突出，如图 3-35所示，采蜜的蜜蜂与运动幅度较小的花卉形成了鲜明的动静对比，观众的视线会自然而然地被运动幅度较大的蜜蜂吸引，整个画面看上去既生动又充满灵性。

图 3-35

（3）大与小

通过近大远小的透视关系，让主体离镜头近一些，陪体远一些，这样主体在画面中所占的比例较大，显得更为突出，如图 3-36所示。

图 3-36

针对主体在画面中较小的情况，大小对比构图的重点在于：主体虽小，但位置一定要处在视觉中心。如图 3-37所示，画面中人物与白马为主体，在画面中所占的比例虽不如天空和地面，但由于人物处于视觉中心，所以观众依旧会被主体所吸引，整个画面颇具意境美。

图 3-37

提示： 大小对比对风光照片而言极为重要，尤其是在拍摄海平面、平原、沙漠等空旷地区的全景照时，需要以特定景物的“小”衬托出画面的“大”。在空旷的画面中加入景物作为尺寸参照，不仅能增强画面纵深感，使全景风光更显磅礴气势，还能加深观众对画面空间感的体验。

3.2 短视频的景别运用

在电影拍摄中，为了更好地描述取景的素材量，于是形成了景别的概念。取景框中素材量的多少直接决定景别的大小。常用的景别有特写、近景、中景、远景等，通过拍摄不同的景别，把人物和环境完美融合在一起，才能构造出一套完整的、有内容的照片或视频。下面就来介绍不同景别带来的不同效果。

3.2.1 远景展示宏大场景

远景是景别最大的一种镜头，指拍摄远距离景物和人物的一种画面，这种画面可使观众在画面上看到广阔深远的景象，以展示人物全身的动作、活动的空间背景和与环境的关系，如图 3-38 所示。

图 3-38

这种镜头一般是交代人物所处的环境，在电影中一般位于影片开头，展示宏大场景。远景常用于风光摄影之中，展现自然风光的全貌，生活中常见的场景比如辽阔的草原、雄伟的万里长城等这些都是属于远景，如图 3-39 所示。

图 3-39

3.2.2 全景展现环境全貌

全景多用来表现场景的全貌与人物的全身动作，其活动范围较大，人物的体型、衣着打扮、身份交代得比较清楚，环境、道具清晰明了。在电视剧、电视专题、电视新闻中全景镜头不可缺少，大多数节目的开端、结尾部分都会用到全景或远景。全景画面比远景更能全面阐释人物与环境之间的密切关系，可以通过特定环境来表现特定人物，被广泛应用于各类影视作品中。相比于远景画面，全景更能展示出人物的行为动作和表情相貌，也可以从某种程度上展现人物的内心活动。

全景画面中包含整个人物形貌，既不像远景那样由于细节过小而不能很好地进行观察，又不会像中近景画面那样无法展示人物全身的形态动作，如图 3-40 所示。在叙事、抒情和阐述人物与环境的关系的功能上，起到了独特的作用。

图 3-40

3.2.3 中景适合表现人物动作

中景俗称“七分像”，拍摄的是人物膝盖或腰部以上部分的画面，如图 3-41 所示。中景视距比近景远，能为拍摄人物提供较大的活动空间，不仅能使观众看清人物表情，而且有利于显示人物的形体动作，表现出故事的情节。

中景既能拍到人像又能拍到环境，在包含对话交流、动作和情绪交流的场景中，利用中景拍摄可以最有利、最兼顾地表现人物之间、人物与周围环境之间的关系。

图 3-41

3.2.4 近景聚焦于物体的局部

近景是仅表现人物胸部以上或者景物局部面貌的画面。当拍摄人像的时候，这非常好理解，如图 3-42 所示。当拍摄静物时，它就没有一个标准了，但它同时是相对的，相对于特写来说稍远一点，就可以称之为近景，它是介于特写和中景之间的一种镜头，聚焦于物体的局部，如图 3-43 所示。

图 3-42

图 3-43

3.2.5 特写表现人和物的细节

特写指相机在很近的距离拍摄对象。特写镜头是景别中最小的一种，展示的元素也不多。常用于展现拍摄对象最重要或最突出的细节，也会用于渲染强烈的情绪，起到强调和突出、夸张重要性的作用。这种手法用于拍摄人物正脸、侧脸、头部居多，也可以用来强调人体的局部特征，如图 3-44 所示。

图 3-44

3.3 短视频的拍摄角度

在拍摄时，角度的选择很重要，因为它不仅对表达拍摄内容起重要作用，对形成优美的构图也是不可缺少的重要环节。不同的拍摄角度拍摄出来的画面差别也很大，偶尔变换一下角度就能直接影响到画面效果。

3.3.1 平拍显得画面更自然

平视是日常拍摄中最常接触到的拍摄角度，所谓平视就是指相机与拍摄对象大致在同一水平线上，保持平行的角度对拍摄对象进行拍摄。这种角度最接近人眼的观看习惯，使用此拍摄方式的优点是透视效果好，拍摄对象不容易变形，可以容纳较多的景物，给人稳定平和的视觉感受。在拍摄人像时，平视角度可以将人物在画面中表现得自然、亲近，而人物的身形、样貌在画面中也呈现得更为真实，如图 3-45 所示。

图 3-45

3.3.2 仰拍表现人或物的高大雄伟

仰视就是指从下往上拍，相机低于拍摄对象。这种角度拍出来的画面会产生下宽上窄的变形效果，尤其离拍摄对象越近时，变形的效果就越明显；离拍摄对象越远时，变形的效果就比较微弱。

使用这种拍摄方式可以将景物拍得宏伟、大气，增加画面的视觉冲击力。比如在拍摄建筑物时，从下往上拍摄建筑物，以蓝天为背景，能使画面更简洁，主体更突出，建筑物更高耸，如图3-46所示。在拍摄人物时也能利用低角度仰视拍摄，可以将人物拍得很高大，如图3-47所示。

图3-46

图3-47

3.3.3 俯拍展现大场景和远景

俯视拍摄是指拍摄时相机的位置高于拍摄对象，即从上往下拍摄，如图3-48所示。拍摄时相机距离主体越远，视角就越大，得到的画面也就越宽广；相机距离主体越近，视角就越小，得到的画面就越紧凑。

这种拍摄方式在拍摄一些大场景的时候能使视野变得更辽阔，可以纵观全局。比如在拍摄海面、马路、草原、山峰等景物时都可以用到俯拍的方式。图3-49所示画面就是用的俯拍方式，是拍摄者站在高处拍摄到的田野，画面视野辽阔，包含的内容极其丰富。

图3-48

图3-49

3.3.4 侧拍表现丰富的轮廓线

侧面拍摄是指镜头位于拍摄对象的正侧方，比如人的侧脸或者侧身，拍摄者要与拍摄对象的正面成90°进行拍摄。这种拍摄方式比较适合拍摄人物的轮廓，人物脸部的线条会显现无余，如图3-50所示。拍摄人物侧面时，如果后面有光可以拍摄剪影，能够清晰地展现人物侧面的轮廓以及动作，如图3-51所示。

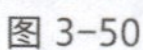

图 3-50

图 3-51

3.3.5　斜侧面拍摄表现运动物体的动感

斜侧面的拍摄是一种可以兼顾正面和侧面两个平面的拍摄方式，拍摄者只需站在拍摄对象的正面和侧面之间。采用这种方式拍摄的画面具有很强的立体感和空间感，如图 3-52 所示。在拍摄运动画面时，斜侧面拍能够更好地展示人物动作，以及清晰地表现运动的方向，如图 3-53 所示。

图 3-52

图 3-53

3.4　短视频中的常用镜头解析

镜头是影视创作的基本单位，电影或电视剧都是由一个个镜头组成的，短视频同样如此。通过各种镜头的运用组合可以制作出视觉表达丰富的短视频，吸引更多用户的关注。

3.4.1　固定镜头表现环境变化

固定镜头，是指在拍摄短视频时，镜头的机位、光轴和焦距等都保持固定不变，而拍摄对象可以是静态的，也可以是动态的。固定镜头在短视频拍摄中很常用，可以在固定的框架下，长久地拍摄运动的事物，从而体现发展规律，比如短视频中常见的车水马龙和日出日落等画面。

如图 3-54 所示，在拍摄流云延时视频时采用三脚架固定手机镜头，这种固定镜头的拍摄形式，能够将天空中云卷云舒的画面完整地记录下来。

图 3-54

3.4.2　运动镜头调动观众参与感

运动镜头，是指在拍摄的同时会不断调整镜头的位置和角度，也可以称之为移动镜头。因此，在拍摄形式上，运动镜头要比固定镜头更加多样化。常见的运动镜头包括推、拉、摇、移、跟、升降、甩等。运动镜头通过模拟观众视线、能够展示更多场景细节并增强画面节奏感，可以有效地调动观众的参与感。在短视频制作中，合理地运用运动镜头可以使视频更加生动、有趣和吸引人。图 3-55 为拉镜头的示意图。

图 3-55

3.4.3　转场镜头连接不同场景

转场即视频场景的过渡，指段落与段落、场景与场景之间的过渡或转换。转场可分为两种：技巧转场和无技巧转场。

技巧转场指通过电子特技切换台或剪辑软件中的特殊技巧，对两个画面进行剪辑和特技处理，完成场景转换的方法，一般常见的有淡入/淡出、叠化、划像、定格、多画屏分割和字幕等转场。

无技巧转场是指用镜头的自然过渡来衔接上下两段内容，主要适用于蒙太奇镜头段落之间的转换和镜头之间的转换。与情节段落转换时强调的心理的隔断性不同，无技巧转换强调的是视觉的连接性。并不是任意两个镜头之间都可应用无技巧转场，运用无技巧转场需要注意寻找合理的转换因素和适当的造型因素。无技巧转场的方法主要有以下几种。

1. 两极镜头转场

前一个镜头中的景别与后一个镜头中的景别恰恰是两个极端。如果前一个是全景或远景，后一个则是特写；如果前一个是特写，后一个则是全景或远景，如图 3-56 和图 3-57 所示。

图 3-56

图 3-57

2. 同景别转场

前一个场景结尾的镜头与后一个场景开头的镜头中的景别相同。可以使观众将注意力集中，场景过渡衔接紧凑。

3. 特写转场

无论前一组镜头的最后一个镜头是什么，后一组镜头都从特写开始。其特点是对局部进行突出强调和放大，展现一种平时在生活中用肉眼看不到的景别，因此也被称为“万能镜头”和“视觉的重音”。

4. 空镜头

空镜头是指以刻画人物情绪、心态为目的的只有景物、没有人物的镜头。空镜头转场具有一种明显的间隔效果。

景物镜头大致包括两类。一类是以景为主，以物为陪衬，如群体、山村、田野、天空等。用这类镜头转场既可以展示不同的地理环境、景物风貌，又能表现时间和季节的变化，如图 3-58 所示。另一类是以物为主，以景为陪衬的镜头，如在镜头前飞驰而过的火车、街道上的汽车、建筑、雕塑等，如图 3-59 所示。这类镜头的作用是渲染气氛，刻画心理，有明显的间隔感。另外，也为了满足叙事的需要，表现时间、地点、季节的变化等。

图 3-58

图 3-59

5. 遮挡镜头转场

所谓遮挡是指镜头被画面内的某形象暂时挡住，根据遮挡方式的不同，遮挡镜头转场大致可分为以下两类情形。一类是主体迎面而来遮挡相机镜头，形成暂时的黑画面。另一类是前景暂时挡住画面内其他事物，成为覆盖画面的唯一形象。例如，在大街上，前景中闪过的汽车可能会在某一时刻挡住其他事物。当画面被遮挡时，即为镜头切换的时机，它通常表示时间、地点的变化。

6. 相似体转场

相似体转场指前后两个镜头中具有相同或相似的主体形象，或者镜头中的物体形状相近、位置重合，在运动方向、速度、色彩等方面具有一致性，以此来达到视觉连续、转场顺畅的目的。如图 3-60～图 3-62 所示，从女孩看地图的镜头，转换到女孩走路的特写镜头，再转换到女孩走在街道上的镜头。

图 3-60

图 3-61

图 3-62

7. 出画 / 入画转场

前一个场景的最后一个镜头是拍摄主体走出画面，后一个场景的第一个镜头是拍摄主体走入画面。在图 3-63 和图 3-64 中，主角在上一个镜头中走出画面后，紧接着又在下一个镜头中走入画面，这样的两个镜头的衔接更有连贯性和故事性。

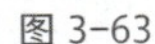

图 3-63

图 3-64

8. 主观镜头转场

主观镜头是指根据人物视线方向所拍摄的镜头。用主观镜头转场就是按前后镜头间的逻辑关系来处理场景的转换，它可用于实现大时空转换，大时空转换指的是转换后的画面接的是与之前的时间、场景不同的画面内容。

前一个镜头是人物看向某处，后一个镜头是人物所看到的场景。这种转场具有一定的强制性和主观性。例如，前一个镜头是人物抬头凝望，后一个镜头可能就是人物所看到的场景，甚至是完全不同的事物、人物，如一组建筑、一段回忆等。

3.4.4 双人镜头展示角色反应

顾名思义，双人镜头里仅包含两个人物。尽管从技术层面上看，只要是仅包含两个人的镜头就可以称为双人镜头，但双人镜头一般都是中全景、中景或中特写镜头。

双人镜头常见的用法是作为两个人对话时的主镜头，有时单独使用，有时与其他景别的镜头组合使用，以突出对话过程中的戏剧性动作。

双人镜头中人物的调度可以作为生动展示人物关系的叙事点。这对包含多个人物的镜头，如多人镜头也是适用的，但对双人镜头尤为重要。原因是如果画面中只有两个人，那这两个人必定存在某种关系，观众会对二人进行对比、审视，如图3-65所示。

图3-65

3.4.5 变焦/虚焦镜头突出画面氛围

变焦镜头是指不改变机位只改变焦距的镜头，通过只改变焦距来改变视角大小，给观众带来逼近或远离主体的感觉。其中的滑动变焦是一种非常有名的拍摄手法，相机一边向前推进一边同步使用变焦摄影的方法，让移动目标产生缩放的视觉效果，从而有效地突出画面中的移动目标，这种拍摄方式常见于希区柯克的电影中。

虚焦镜头是指拍摄主体处于虚化的状态，如图3-66所示。虚焦镜头所呈现的朦胧、迷离之感，除了蕴含些许诗意，还具有增强情感的作用。

图3-66

3.4.6 越轴镜头增强空间感

轴线是指拍摄对象的视线方向、运动方向和不同对象之间形成的一条遐想的直线或曲线，它们所对应的称谓分别是方向轴线、运动轴线、关系轴线。在进行机位设置和拍摄时，要遵守轴线规律，即在轴线的一侧设置机位，不论拍摄多少镜头，摄像机的位置和角度如何变化，镜头的运动如何复杂，从画面来看，拍摄主体的运动方向和位置的关系总是一致的，否则就称为“越轴”或“跳轴”。越轴的情况时有发生，而且很多导演在进入剪辑流程之前并不会注意到这种情况。

越轴会使人在时空分割或者运动的过程中产生非现实的感觉。

轴线规律一直是影视编辑中难以掌握的知识，也是初学摄影的人常出错的地方。轴线规律是一个专业的摄像师必须掌握的知识。

举个例子，有两位演员A和B，以他们之间的连线为轴线，当摄像机在左边拍摄的时候，再改变机位也只能在左边进行拍摄，若在轴线的右边拍摄，就会让人产生一种跳脱感，如图3-67所示。

图3-67

解决越轴问题的方法有如下几种。

- 通过移动镜头将机位移过轴线，在同一镜头内实现越轴过渡，即利用摄像机的运动越过原来的轴线实施拍摄。
- 利用拍摄对象动作路线的改变，在同一镜头内引起轴线的变化，形成越轴过渡。
- 利用中性镜头或插入镜头分隔越轴镜头，以缓和给观众造成的视觉上的跳跃感。
- 在越轴的两个镜头间插入一个拍摄对象的特写镜头进行过渡。
- 利用双轴线，越过一条轴线，有另一条轴线去完成画面空间的统一。

3.4.7 情绪镜头强调人物情感

情绪镜头并没有固定的运动方式，通常会根据故事的内容、前后镜头及空间的具体情况来调整。常用的手法就是使用近景或特写镜头突出人物的表情和细节，从而强调其情感状态，如图3-68所示。或者使用缓慢的推镜头或拉镜头引导观众的注意力，强调人物的情感变化。

在后期制作时，通常还会使用音效和背景音乐来强化情绪镜头的感染力。例如，使用悲伤的旋律和音效来渲染人物的悲伤，使用欢快的旋律增强欢乐的氛围。

图 3-68

3.5 短视频中的运镜技巧

运镜即运动镜头，通过移动镜头让镜头晃动、运动，从而拍摄出动感画面。随着短视频的风靡与普及，用户对视频画面质量的要求越来越高，一个成功的短视频离不开精良优秀的运镜。本节将介绍一些拍摄短视频时非常实用的运镜技巧。

3.5.1 摇甩镜头切换场景

摇甩镜头是指从一个画面过渡到另一个画面时，快速移动相机进行拍摄的一种手法，且前后两个画面的运动方向是一致的。过渡时，画面会呈模糊状态，甩镜头可以造成强烈的视觉冲击感，多用于表现内容的突然过渡，或是爆发性和情绪变化较大的场景。

以图 3-69和图 3-70所示的画面为例，这两张图均是从右至左甩动的镜头，在后期编辑时则可以在图 3-69从右甩动到中间位置时暂停，把中间甩动至左的这一段镜头删除，然后将图 3-70从右甩动到中间位置的这一段镜头删除，保留中间甩动至左的镜头，最后将删减后的两段视频拼接，就能达到切换场景的效果。

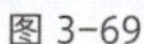

图 3-69

图 3-70

3.5.2 推拉镜头实现无缝转场

推拉镜头由推镜头和拉镜头组成。推镜头是指在拍摄主体不动的情况下，镜头从远逐渐推近的镜头，取景范围由大到小，画面所包含的内容由多变少，不必要的部分被推移到画面外，拍摄主体占画面比例逐渐增大。推镜头的作用主要是突出主体，将观众的注意力引到主体上，形成视觉前移，强化视觉感受，给观众一种审视的感觉。推镜头通常带有明确的最终目标，在最终停止的落幅处所拍摄的对象即为需要强调的主体，主体决定了推进的方向，如图 3-71 和图 3-72 所示。

图 3-71

图 3-72

拉镜头是指在主体不动的情况下，镜头由近逐渐拉远的镜头，取景范围由小到大，画面所包含的内容由少变多，主体也由大变小，给人一种逐步远离拍摄主体的感觉。呈现出的画面从局部到整体，形成视觉后移，原主体视觉形象减弱，环境因素加强，通常用来介绍主体所处的位置和环境，如图 3-73 和图 3-74 所示。

图 3-73

图 3-74

使用“推拉镜头”实现无缝转场的拍摄方法如下。

01 拍摄推镜头画面，将镜头向前推至极致，使镜头画面为黑色。

02 转换场景，以全黑为镜头开机画面，向后拉镜头，使拍摄主体出现在画面合适位置。

03 将两组镜头组接起来，实现无缝转场，如图 3-75～图 3-80 所示。

图 3-75 图 3-76 图 3-77

图 3-78 图 3-79 图 3-80

3.5.3 横移镜头拍摄人物侧面

移镜头是相机跟随主体的运动进行左右移动的拍摄。使用移镜头拍摄时，摄影师需要与主体始终保持等距。移镜头的特点是画面会随着镜头移动不断地更新和变化，如图 3-81～图 3-83 所示。这样一来，使画面看起来不仅扩大了空间，而且更自由、不局限，背景画面跟随镜头的移动不断变化产生了一种流动感，给观众身临其境的感觉。

图 3-81 图 3-82 图 3-83

横移镜头的拍摄方法如下。

01 拍摄者在人物的侧面立定，确定合适的位置和距离，将人物放置在镜头的中心位置，如图 3-84 和图 3-85 所示。

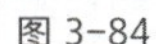

图 3-84 图 3-85

02 根据人物行走的速度，拍摄者移动步伐和相机，移动时建议大步平稳地移动，不宜用小碎步移动，因为小碎步移动会加剧镜头抖动。移动时要保持相机与拍摄对象的距离，切忌让画面在移动过程中出现倾斜，或是与拍摄对象距离变近/变远等情况，如图 3-86和图 3-87所示。必要时可以使用滑轨和支架辅助拍摄，使画面更平稳。

图 3-86

图 3-87

3.5.4 跟镜头拍摄人物背影

跟镜头是相机在与主体保持等距的状态下，跟随主体的运动进行移动拍摄，能够给观众营造代入感和空间穿越感，适用于连续表现主体的肢体动作或细节表情等。跟镜头不仅能够详细且连续地介绍拍摄主体的行进速度、情绪状态，又能在移动过程中，将周围的环境一并介绍到位，如图 3-88所示。

图 3-88

跟镜头的拍摄方法如下。

01 拍摄者在人物的背面立定，找准合适的位置和距离，将人物放置在镜头画面的中心位置，如图 3-89所示。

02 移动时要保持相机与拍摄对象的距离，步伐上保持匀速小步，以此来提高拍摄稳定性，如图 3-90和图 3-91所示。在必要时可以使用滑轨和支架等工具辅助拍摄。

图 3-89

图 3-90

图 3-91

3.5.5 升降镜头拍摄美食

升镜头和降镜头一般会借助无人机或摇臂摄像机等升降装置来拍摄，通过升降来扩大或缩小画面取景范围，主体从大变小或者从小变大，画面从局部到整体或者从整体到局部，能够起到渲染气氛的作用，同时可以展示场面的规模、气势和氛围，如图 3-92～图 3-94所示。

此外，升降镜头也可以借助稳定器来拍摄，利用前景遮挡来引出拍摄主体。

图 3-92

图 3-93

图 3-94

升降镜头的拍摄方法如下。

01 将相机放置在前景遮挡物下方，如图 3-95 所示。

02 借助稳定器缓慢向上移动拍摄，最后呈现出拍摄主体，如图 3-96 和图 3-97 所示。

图 3-95

图 3-96

图 3-97

3.5.6 环绕镜头拍摄建筑物

环绕镜头是以拍摄主体为中心环绕点，机位围绕主体进行环绕运镜拍摄的手法，能够突出拍摄主体的重要性，将观众的注意力集中在主体上。通过环绕拍摄，可以展现主体与环境之间或人物与人物之间的关系，增加画面的层次感和深度。这种镜头经常用来拍摄建筑物，可以更好地展现建筑物的全貌和周围环境，使画面富有动感和视觉冲击力，如图 3-98 所示。

图 3-98

3.5.7 蚂蚁镜头拍摄人物步伐

蚂蚁镜头即低角度运镜。低角度运镜是通过模拟宠物视角，使镜头以低角度甚至是贴近地面的角度进行拍摄，越贴近地面，所呈现的空间感就越强烈，最常见的就是拍摄人物前进的步伐。

低角度拍摄分为固定拍摄和跟随拍摄两种类型。固定拍摄即原地拍摄，镜头不跟随拍摄主体移动，如图 3-99～图 3-101 所示，可以看到画面中人物的脚步离镜头越来越远。

图 3-99

图 3-100

图 3-101

跟随拍摄即镜头跟随拍摄主体的移动而移动，如图 3-102～图 3-104 所示，画面中镜头和人物的脚步始终保持着等距。

图 3-102

图 3-103

图 3-104

蚂蚁镜头的拍摄方法如下。

01 手持相机在接近地面的位置，与拍摄主体保持合适的距离，将拍摄主体放在画面的中心位置，如图 3-105 所示。

02 开始拍摄后，保持相机平衡，跟随拍摄主体向前移动，如图 3-106 和图 3-107 所示。

图 3-105

图 3-106

图 3-107

3.5.8 移动变焦拍出电影感

移动变焦（也称为 Dolly Zoom 或滑动变焦）是一种电影摄影技巧，通过同时改变镜头焦距和摄像机与拍摄对象的距离，来创造出一种独特的视觉效果，如图 3-108 所示，随着焦距的改变、摄像机的移动，镜头的焦点也随之发生改变。这种技巧可以强化画面的深度感，营造出紧张、不安或超现实的氛围，从而增强电影感。

图 3-108

第4章

短视频的用光技巧

光线不仅决定了画面的明暗，同时还决定了画面的氛围和效果，不管是拍摄视频还是照片，都需要用到光线。而对于光线的运用，许多人都很头疼，觉得光线难以掌控，拍不出好的照片。其实，只要用对了光线，摄影水平将会上升一个档次。

4.1 认识光线

俗话说摄影是用光的艺术。光是千变万化的，随着时间的变化，拍摄对象在各个时间段的色彩、形态、明暗也在发生变化，呈现出完全不同的视觉效果。因此在拍摄时正确认识光线，掌握它的变化规律，是创作一个好作品的重要因素。

4.1.1 光线的种类

在生活中见到的光线有两种，一种是来自大自然的太阳光和月光，这种光线被称为自然光。当在室内拍摄的时候，周围环境比较黑暗，太阳光无法照射进来，而又需要用到光线，这时候就会使用灯光设备，这种光线就是人造光。

1. 自然光：打造自然质感

自然光是大自然的光线，无法操控，所以摄影师非常被动。每天只有几个小时的时间适合拍摄，有时遇到雨季，可能还会耽误工作，但是也不用太过担心，不能改变环境就学会适应环境。

大家白天在室外遇到的光线都是自然光，如图 4-1 所示，但是不同的天气产生的光线将会有所差别，晴天的光线就比较强，阴雨天的光线很弱，黄昏的光线比清晨的更适合拍摄，等等。不同的光线有不同的拍摄方式，每一种光都有它独特的美。

图 4-1

2. 人造光：创造充分条件

当大自然的光线不足以拍摄的情况下，就需要用到人造光。人造光不仅可以控制方向，还可以控制光线的强弱和颜色，对拍摄过程提供有利的帮助。

比如影楼照片、时尚杂志的封面一般都是棚拍，而棚拍用到的光线都是人造光。生活中能够创造光线的物品都可以称之为人造光源，比如蜡烛、烟花、灯笼、装饰用的灯串等，如图 4-2 所示。

图 4-2

4.1.2 光线的强弱

光线强度是指光源发出的光线强弱程度，光线强弱大致分为三种：强光、弱光和柔光。光线强弱与眼睛的构造也有关，人的眼睛在接收到强光时，瞳孔会自动收缩，以减少进光量；当光线比较弱的时候，瞳孔会自动放大，适合视网膜接收成像。

1. 强光：强调明暗对比

强光给人的直接感受就是刺眼，是太阳直射的一种光线。当早上睁开眼时，太阳从窗户照射进来的光线就是一种强光，如图 4-3 所示。这种光线给拍摄对象足够的曝光，阴影的形状也很直观，能够清晰地拍摄出主体的所有特点，使画面更加立体。常见的强光还有探照灯发出的光线、聚光灯、手电筒等，如图 4-4 所示。

图 4-3

图 4-4

2. 弱光：营造故事氛围

弱光指昏暗的光线，比如说日出之前的光线、黄昏时段、年久失修的路灯下、傍晚的小树林等，如图 4-5 所示。这种弱光拍摄需要不断地尝试，加上长时间的曝光，才能达到理想的效果。

图 4-5

在一个弱光的环境中拍摄静物时，对焦显得没有那么容易，这时就需要打开手机的专业模式，降低快门速度，延长曝光时间，这样才会得到一张不错的照片，如图 4-6 所示。但是当在弱光环境中拍摄人像时，这种方法就不适用了。在拍摄人像时，摄影师常常会弱化背景突出主体人物，使用点测光模式，对着人物的脸部测光以后，再参照这个曝光组合进行拍摄，就能得到比较满意的曝光，如图 4-7 所示。

图 4-6

图 4-7

3. 柔光：拍出白皙人像

柔光是指柔和的光线。与强光截然不同，它没有明显的阴影轮廓，是一种没有方向性的散射光线。在日常生活中常常可以见到柔光，比如阴天的光线、晴天时太阳被云层遮挡时的光线等，如图 4-8 所示。在柔光环境下拍摄人像，人物面部会显得非常细腻有质感，如图 4-9 所示。

图 4-8

图 4-9

制作柔光环境的方法也很简单，将一块浅色的布罩在灯上就可以把直射光线变成柔和的光线，还有窗帘等都可以用来做一个简单的装置，如图 4-10 所示。

图 4-10

4.2 自然光拍摄

将日光作为拍摄场景的主要光线来源进行的拍摄叫作自然光拍摄。虽然阳光是免费的，但它却是多变和难以控制的，不同的天气、一天中的不同时间、不同的拍摄角度等都会对画面产生影响。

4.2.1 不同时间段的拍摄技巧

阳光不是24小时供应的，拍摄只能在白天有光线的时刻进行。不同的拍摄时间，所带来的画面氛围是不一样的。

1. 黄金时间

黄金时间是指一天中日出后的一小时和日落前的一小时时间。在这个时间段内，太阳处于靠近地平线的位置，由于照射角度较低，阳光会在地面的景物下投射出较长的阴影，前面我们提到，阴影是塑造画面立体感的关键，此时的环境中的景物最具有层次感。

另外，清晨和傍晚时分光线的色温不同于其他时刻。清晨太阳刚刚升起，夜晚的感觉还没有完全消退，大气中的色温较高，色调偏冷。傍晚太阳即将落下，色温较低，色调偏暖，温暖的阳光将大地笼罩上一层暖黄色，此时景物和人物都会被裹挟在这样的氛围中。因此，“黄金时间”尤其是傍晚的这一时刻广受摄影师的喜爱，此时进行拍摄，最容易“出片”，如图 4-11 所示。

图 4-11

2. 上午和下午

从日出后到正午前，以及正午后到日落前的这两段时间占据了一天中的绝大部分时间。由于拍摄视频比拍摄照片所需要的创作时间更长，因此不能只盯住早晚的黄金时间，上午和下午这段时间也可以被充分利用。如果是晴天，色温恒定，阳光均匀照射在地面上，物体经过阳光投射产生的阴影比较自然，没有黄金时间里阴影来的强烈。因受光均匀，此时画面里的无论是风景还是人物，都能够获得平均的曝光，色彩饱和度明艳，画面看起来真实自然。此时可以进行充分的创作，无论是顺光、侧光还是逆光拍摄，都能获得不错的画面效果，如图 4-12 所示。

3. 夜晚

说到夜间拍摄，人们常常会想到城市夜景、夜晚的星空、夜间车流和烟火等。夜间拍摄景物时，曝光是一个很重要的元素，建议使用点测光模式，对画面中比最亮部偏暗的区域进行测光，从而可以保证灯光等高光区域能够得到足够的曝光，以使拍摄出来的照片能够表现出深沉的夜色，如图 4-13 所示。

在夜间拍摄人像时，就需要寻找光源了，较低的路灯、车灯都可以作为选择。同时要控制好画面中的噪点，选择相机中的夜景人像模式进行拍摄，可以得到较为清晰的画面。如图 4-14 所示，当拍摄人像时，需要将光线尽量投射在人物面部的正面或侧面，以清晰地展现人物神态。

图 4-12

图 4-13

图 4-14

4.2.2 不同天气的拍摄技巧

1. 阴雨天

大多数人都喜欢在阳光明媚、光线充足的大晴天去拍摄，而阴雨绵绵，昏暗的天空让人望而却步。其实，每一种天气都有它独特的拍摄方法，晴天可以拍阳光，阴雨天拍下雨就很不错。

阴天的光线比较柔和，没有很强的方向感，使得拍摄的照片阴影不明显，明暗交界比较模糊。阴天天空虽然灰蒙一片，没有多大可观性，但植被在散射光下色彩会显得较为鲜艳，可以通过参照物强烈的色彩对比突出天空的阴沉和压抑，制造视觉感染力，如图 4-15 所示。

图 4-15

阴天的光线为散射光，如果在这种光线下拍摄人像，很容易拍出人物柔美的一面，适合清新日系人像拍摄。由于天空的颜色比较灰暗，不建议拍摄到天空，如果画面中的色彩不够丰富，还可以增加一些道具用来装饰，比如气球、花束、泡泡机等，如图 4-16 所示。

图 4-16

在下雨天，路面上会出现很多小水洼，这时候就可以利用起来，透过这些水面的反光拍摄出周边景物的倒影，如图 4-17 所示。

在雨天拍摄水滴落下的瞬间也是一种非常好的手法，拍摄这种场景，需要把镜头放低，与地面同高，这样才容易拍摄到水花四溅的场面，如图 4-18 所示。如果不能确定好按快门按钮的时机，建议打开手机里的连拍模式，总有一张会拍到。

图 4-17

图 4-18

2. 下雪天

下雪天拍摄是一件令人着迷的事情，大自然将世界装点成为一片白色，而摄影师就在这张白色画布上描绘出一张张优美的照片。

雪天的光线是很强的，白色的雪地会产生一种镜面反光作用，拍摄的时候就需要注意到曝光的问题。因为这会使手机误以为场景比实际明亮，从而降低曝光，结果拍出的白雪都呈现出灰色。面对这种情况，可以在拍摄的时候提高曝光度，具体操作就是把对焦框的那个小太阳略微往上推，照片就会变得明亮，拍出来的雪景就不会灰了，如图 4-19 所示。

图 4-19

在雪天拍摄时，应尽量避免用顺光拍摄，因为这样拍出来的照片亮度会很高，缺少层次感。使用侧光和逆光拍摄效果更佳，这样可以利用光影表现出画面的明暗对比。

在雪天拍摄人像是一件非常容易的事，纯白色的环境有助于主体人物的突出，拍摄人物在雪地上奔跑、打雪仗，以及雪花落下的瞬间都很美。这里需要注意，人物的服装不可以是白色的，可以适当鲜艳一点，否则就与背景融为一体了，如图 4-20 所示。

图 4-20

3. 雾天

当水蒸气在空气中凝结成细密的小水珠时，雾就产生了。和雨雪天气一样，雾也能带来一些特别的氛围。当光线穿过雾时，能清晰呈现出光的轮廓和形状。在雾天拍摄，有以下几点建议。

- 雾多在夜间形成，清晨最为明显，随着太阳升起温度升高，雾会渐渐消失，因此要拍摄有雾的场景需要抓住日出前后的“黄金时间”进行拍摄。
- 在场景中寻找光源，进行逆光拍摄。大雾笼罩的环境中，物体的轮廓变得模糊，清晰度下降，此时画面较为平淡。当有光线射入雾气中时，能产生一条条光束，也就是所谓的“丁达尔效应”，能够丰富画面的层次感。

➢ 如同雪天一样，在大雾的笼罩下，场景四周都是白茫茫的一片，画面能见度降低，此时需要寻找深色的背景来衬托白茫茫的雾气。所以，如果要拍摄大雾的氛围，尽量选择山谷、树林、竹林等植被茂密的自然环境，如图4-21所示。同时，植被的树叶对光线的遮挡也能够更好地呈现“丁达尔效应”的光线效果。

图 4-21

4.2.3 不同光照角度的拍摄技巧

光线有很多方向，光线的方向决定拍摄的角度，每一种光线方向都可以表达出不同的意境，接下来就给大家逐一介绍光线的各种方向和应该怎么去拍摄。

1. 顺光

顺光简单来说就是顺着光线的方向去拍摄，这样拍摄出来的物体阴影较少，可以将拍摄主体在画面中完整地呈现出来，使画面颜色更加丰富，如图 4-22 所示。在利用顺光拍摄人像时，容易遮盖皮肤瑕疵，而且顺光的亮度很高，使得在顺光下拍摄时，很容易曝光准确，如图 4-23 所示。顺光是一种很容易掌握的光线。

图 4-22

图 4-23

2. 侧光

当光线照射方向与相机拍摄方向成90° 角时，这种光线即为侧光，侧光是风光摄影中运用较多的一种光线。这种光线非常适合表现物体的层次感和立体感，如图 4-24 所示，原因是侧光照耀下，景物的受光面在画面上构成明亮部分，而背光面形成阴影部分，明暗对比明显。

景物处在这种照射条件下，轮廓比较鲜明，纹理也很清晰，立体感强。用这个方向的光线进行拍摄，最易出效果，很多摄影爱好者都用侧光来表现建筑物、山峦、昆虫等景物的立体感，如图 4-25 所示。

图 4-24

图 4-25

3. 顶光

顶光顾名思义就是从头顶上方投射下来的光线，光源高于拍摄对象，是一种自上而下的光线，如图 4-26 所示。当用顶光拍摄人物时，其头顶、前额和鼻头显得很宽，下眼窝、两腮和鼻子下面完全处于阴影之中，使人物形象缺少美感，一般不用于拍摄之中，但顶光在舞台灯光中很常见，如图 4-27 所示。

图 4-26

图 4-27

4. 逆光

逆光的方向与顺光刚好相反，是指逆着光线的方向拍摄。遇到很强的光线时，可以选择拍摄植物的枝叶、花等，这种方法可以拍出植物的脉络和细细的绒毛，给观众细腻的感官体验，如图 4-28 所示。还可以拍摄小动物，比如蜻蜓、蝴蝶等，如图 4-29 所示，能清晰完整地展现出蜻蜓翅膀上的纹理。

图 4-28

图 4-29

5. 侧逆光

侧逆光又称后侧光，指的是光线在拍摄对象后方的左侧或是右侧。利用侧逆光拍摄可以让画面变得更有层次感，让拍摄主体的立体感更为突出，但阴影部分的立体感较弱，如图 4-30 所示。

图 4-30

6. 剪影拍摄

剪影是指在画面中拍摄主体呈现的是一个影子，没有任何的色彩和细节。但是它的魅力就在于能够透过大面积的黑色去强烈地冲击观众的视觉，让观众的注意力全部停留在主体的形体轮廓上，从而给观众留下更多的想象空间。下面讲几个拍摄剪影的小技巧。

（1）逆光的环境下拍摄

拍摄剪影需要在逆光的环境下拍摄，因为只有摄影师正对着光拍摄，拍摄主体才会暗下来形成阴影的状态，并使主体的边缘形成明显的轮廓线条，同时天空的色彩层次也会比较丰富，如图 4-31 所示。

（2）背景简洁

大部分剪影照片都以天空为背景，一来可以做到逆光，二来天空比较广阔，可以提供一张简单干净的背景，如图 4-32 所示。

图 4-31

图 4-32

（3）主体形态

在拍摄剪影时，主体的形态是很重要的，因为主体几乎是没有色彩和细节的，观众只能通过主体的形态去揣摩内容，因此在拍摄前要对拍摄主体的形态特征有充分的了解，如图 4-33 所示。

图 4-33

4.3 布光设备

日常生活中光线来源较多、方向复杂，具有不确定和不可控性，如果想要获得明亮干净、层次分明的画面，就需要进行人工布光。而且灯光还可以模拟一些特殊的氛围，比如在古风视频中常见的烛光、灯笼等场景的拍摄，也需要借助布光设备。

4.3.1 LED灯

常见的便携式LED摄影灯主要有两种形态：LED聚光灯和LED平板灯，如图 4-34所示。正如其名，LED聚光灯是用一个大灯珠作为点光源，所以能够发射出较为聚拢的光线，加上灯头前遮扉（一种遮挡光线、塑造光线方向的叶片）的调整，LED聚光灯发出的光线具有较强的方向性，适合用于塑造拍摄主体的轮廓。LED平板灯是由若干个小灯珠有序排列在一个平板上作为发射光源，因此光线较为散射，方向性较弱，适合用于小场景和人物面部的均匀补光。这两种便携式LED摄影灯大部分都能够自由调节光源的冷暖，可以满足不同环境、不同氛围的拍摄。

图 4-34

4.3.2 柔光设备

柔光设备主要指的是一系列能够柔化光线、减少硬阴影的摄影器材。这些设备在摄影、视频拍摄以及直播等领域具有广泛应用。下面介绍一些常用的柔光设备。

1. 柔光箱

柔光箱通过特殊的箱体设计，使光线在箱体内经过多次反射和散射，可以让光线变得柔和且均匀。柔光箱有多种形状，如方形、八角形、长条形等，常用于人像摄影、产品摄影、视频拍摄等多种场景。例如，在人像摄影中，使用柔光箱可以拍摄出光线均匀、阴影柔和的肖像；在产品摄影中，可以同时照亮产品和背景，使产品照片清晰生动。

2. 柔光球

柔光球可以将点光源柔化处理为360° 柔和发散的球形光源，获得更大的光照范围，常用作直播等场景的底子光，可使拍摄整体环境明亮，光线柔和。

3. 深口抛物线柔光箱

深口抛物线柔光箱采用抛物线设计，深度大，光线可以多次在灯箱中反射，从而获得更柔和且均匀的光线。拍人像时更容易获得柔和低对比的“美颜”效果，直播时通常作为主、副光为人物与直播产品补光。

4.3.3 反光板

如果要进行室外大场景的拍摄，则可以使用反光板进行辅助打光，如图 4-35 所示。反光板轻便易携带，补光方便且效果好，不同材质及颜色的反光板可产生软硬不同的光线，在室外可以起到辅助照明的作用，有时也可作为主光使用。

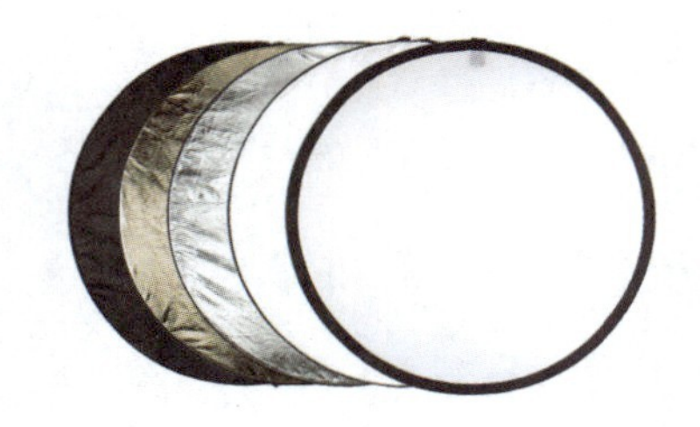

图 4-35

反光板使用得当，可以让平淡的画面变得更为饱满，体现出良好的光感和质感。反光板在进行户外人像拍摄时使用频率极高，巧妙运用反光板改变拍摄时的光线，能极好地突出主体。打光时，应双手抓住反光板两侧，尽量保持反光板为平整状态，然后靠近拍摄对象，并左右摆动反光板寻找合适角度，将反射光线投射到人物面部，完成补光。

4.3.4 其他光源

除了LED灯，还有其他照明设备可以选择，如荧光灯、白炽灯、蜡烛等，如图 4-36 所示。一般荧光灯比LED灯的光线柔和，LED灯比白炽灯的光线柔和。

图 4-36

除此之外，根据拍摄内容及环境的需求，还可以选择手持的补光灯。这种灯适合在室外拍摄时用来给人物补光。也可以选择环形的美颜灯，它适合在直播时使用，如图 4-37 所示。如果想让背景呈现不同的颜色，可以选择些彩色的小灯进行点缀。如果是拍摄音乐视频或者比较梦幻的场面，还可以选择一些闪闪发光的装饰灯来点缀场景。当只有一个灯具的时候，还可以将台灯、电脑屏幕或白炽灯放置在拍摄对象后面，以便更好地分离背景与拍摄主体。

图 4-37

4.4 人工布光拍摄

在视频作品的拍摄过程中，经常需要将这一系列的灯光灵活结合运用来完成现场的布光，下面将介绍一些常见的人工布光技巧。

4.4.1 单灯布光

如果只有一盏灯，要如何布光？常用的有3种方法：平光布光、派拉蒙光、伦勃朗光。有时还可以将台灯等光源放置在拍摄对象的后面，从而让场景看起来更有层次感。

1. 平光布光

平光布光是指灯光为顺光，朝拍摄对象打光。采用这种方法打出来的光非常均匀，适用于采访、直播及拍摄景深较浅的场景。这种布光方法较简单，但效果也比较平淡。

2. 派拉蒙光

派拉蒙光也称蝴蝶光或者美人光，尤其适用于拍摄女生，这种布光方法会让人物的皮肤看起来非常细腻，并且有瘦脸效果。具体操作方法是将较硬的灯光作为顺光使用，然后将灯调高，使其向下打光，灯光强烈且均匀地照在人物脸上，使人物的鼻子下方形成一个蝴蝶形状的阴影区域，这也是派拉蒙光又叫蝴蝶光的原因，如图4-38所示。光线由上而下照射，人脸两侧的光线较暗，所以人脸就会显瘦。如果脖子下方的阴影区域太大，可以用泡沫板或反光板在人物前方或者下方给人物补光，这样明暗反差就会小很多，人物脸部看起来会更舒服。

图 4-38

3. 伦勃朗光

伦勃朗光在绘画、摄影和电影领域最为知名，其主要特点是明暗对比较强。这种布光方法会使人物的鼻子侧面与眼下形成一块明显的三角形区域，从而让人物看起来具有立体感和真实感。

伦勃朗光一般以聚光灯为光源，让灯光位于人物侧前方，高于人物并且与人物成45°~60°的夹角，如图 4-39所示。伦勃朗光也常用来拍摄惊悚片或具有侵略性的画面。如果觉得伦勃朗光使人脸一侧的阴影太重，也可以使用反光板减弱阴影。

图 4-39

4.4.2 三点布光

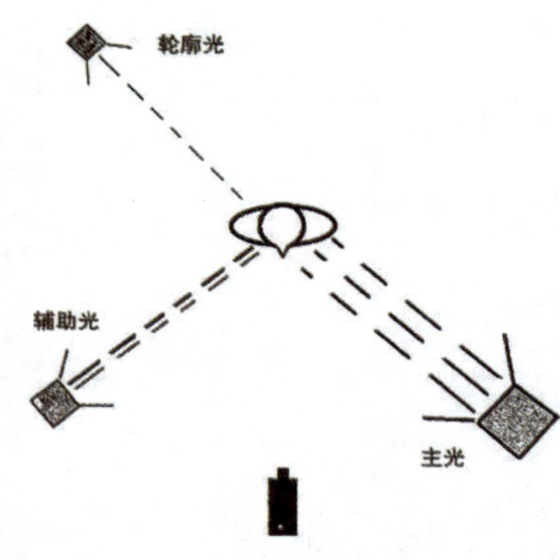

图 4-40

三点布光是拍摄人像时常用的基础布光方法，是指使3种光源从不同方向同时照射在主体上，如图 4-40 所示。这种方法在照亮主体的同时还能让画面显得有立体感。

1. 主光

主光的位置通常在主体的侧前方，其最完美的位置与主体和相机之间的连线成45° 角左右，并略微高于主体，这样人物的脸部会非常具有立体感。

2. 辅助光

辅助光位于主体的另一侧前方，强度要弱于主光。其作用是修饰主光照射在主体身上形成的阴影，人的眼睛习惯了阴影不明显的视觉环境，所以辅助光能够辅助呈现较真实的视觉效果。

3. 轮廓光

轮廓光通常位于主体的侧后方，与主光的位置大致相对，并略高于主体。轮廓光通过照亮主体的边缘，将人物与背景分离，在突出主体的同时，可增强画面的层次感和纵深感。通常使用柔光作为轮廓光，这样效果会比较自然，不会显得很刻意。轮廓光适合在采访、访谈等纪实类的拍摄中使用。若使用硬光作为轮廓光，通常主体的轮廓会偏亮，这种光具有艺术化的修饰效果，在音乐视频或需渲染氛围的剧情片中经常见到。

4.4.3 双人布光

在拍摄大部分对话场景时，一般会使用反打镜头组接画面。因为景别较近，所以通常使用交叉照明的方法，使观众可以清楚地看到人物的面部表情。

1. 前交叉

两人面对面交谈时，会形成一条关系轴线，灯光与摄像机在轴线的同一侧。和摄像机的外反拍机位一样，灯 1 照亮人物 B，灯 2 照亮人物 A，两道主光交叉照在人物脸上，从而在人物脸上形成顺侧光的照明效果。顺侧光照明的特点是人脸的正面较亮，侧面较暗，且人脸具有立体感。

2. 后交叉

两人面对面交谈时、两道主光与摄像机在关系轴线的不同侧，灯 1 在人物 A 身后照亮人物 B，灯 2 在人物 B 身后照亮人物 A，人物的面部看起来非常有立体感。

3. 前后交叉

两人面对面交谈时，一道主光与摄像机在关系轴线的不同侧，另一道光与摄像机在关系轴线的同一侧。当使用外反拍机位拍摄时，人物 A 的脸部较亮，阴影较少；人物 B 的脸部较暗，阴影较多。前后交叉布光利用光线形成一种对立，常用来表现存在冲突的对话场面。

4.4.4 夜景布光

夜景布光技巧能够在夜晚或弱光环境中捕捉和创造出独特的视觉效果。

1. 布光工具与设备

- 泛光灯：泛光灯是一种可以向四面八方均匀照射的点光源，同时也是效果图制作当中应用最广泛的人造光源。它的照射范围可以任意调整，而且发出的光线具有高度漫射、无方向的特点，而不是清晰的光束；它产生的阴影柔和透明，可以用来模拟灯泡和蜡烛，因此应用场景非常广，是照明效果较好的光源之一，如图 4-41 所示。
- 持续光源：如LED灯、棒灯等，可以提供持续稳定的光线，用于照亮环境或作为辅助光源。
- 反射板：虽然不是自身发光的工具，但在有明亮照明光源时，可以反射出光线，为人物或物体提供补光。

图 4-41

2. 布光技巧与策略

- 人物光：为了突出人物，可以使用一盏或多盏闪光灯或持续光源，从逆光方向照亮人物，勾勒轮廓并补光面部，同时，配置黑旗等工具，避免过多光线影响地面。
- 环境光：通过布置不同亮度和色温的灯光，模拟出夜晚的氛围。例如，使用暖色调的灯光可以营造出温馨的氛围，而冷色调的灯光则可以给人以清新和现代感，如图 4-42 所示。此外，还可以利用灯光的闪烁和渐变来模拟水面的波动、树叶的摇曳等自然现象。
- 效果光：利用蜡烛、露营灯等道具制造亮斑前景，使画面上下平衡。这些道具的加入不仅可以增加画面的趣味性，还可以营造出独特的氛围。

图 4-42

3. 布光原则与注意事项

- 亮度和对比度：通过不同亮度的灯光产生不同的效果，亮度高的灯光可以突出主体，形成明暗对比，使得整体更为鲜明；而亮度低的灯光则可以创造出一种神秘的氛围，如图 4-43 所示。
- 色彩和色温：色彩是夜景布光中不可忽视的因素，选择合适的色彩和色温可以改变画面的氛围和风格。
- 动态效果：除了静态的灯光布置外，还可以利用灯光的动态变化来创造出更加生动有趣的画面效果。

图 4-43

4.5 眼神光

眼神光是指反射到人物眼睛里的光线，常用于拍摄近景和特写镜头。打眼神光的目的是在镜头切换时将观众的注意力吸引到人物的眼睛上。漂亮的眼神光可以让眼睛看起来炯炯有神，使人物显得很自信。不同光源性质、不同位置和角度、不同大小和数量的眼神光可以表现人物不同的状态。

4.5.1 光源性质

眼神光的光源常使用点光源或面光源，不同光源的应用场景不同。点光源指从一个点向周围空间均匀发出光线的光源，发出的光线主要为硬光。点光源的特点是小、亮度较高，它可以在眼睛上形成一个明亮的高光点，人物会显得具有轻微攻击性。面光源比较柔和，与点光源相比打在眼睛上显得比较暗淡，它会让眼神光变得更加柔和，可以用来表现人物的情感波动，如拍摄人物泪眼婆娑的状态，如图 4-44 所示。面光源有不同的形状，如圆形、圆环形、方形、长条形等。除此之外，根据人物的站位，窗户、门外的光线都可以作为眼神光的光源。

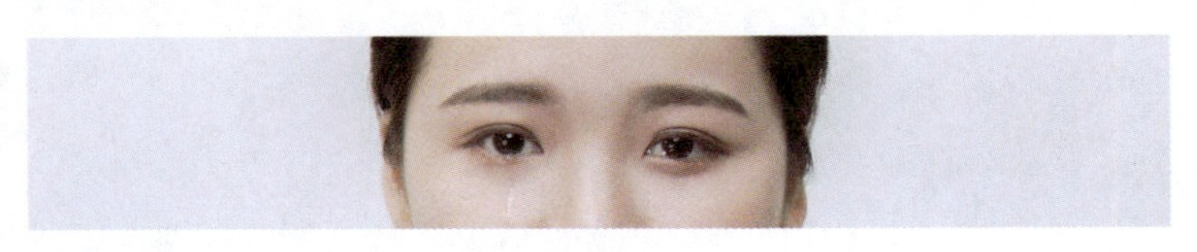

图 4-44

4.5.2 位置和角度

以点光源为例，眼神光位于人的眼球上时，人物就会显得很精神、自信。如果眼神光在人物眼球上处于1点、12点、2点方向，那么其会显得更为自然；如果处于眼球下方，眼神光就会显得不自然。眼神光如果打在眼白上，人物就会显得精神异常或神态恍惚。

光源的位置决定了眼神光在眼睛中所处的位置。通常情况下，如果光源与人物正面的夹角在45°之内，光线将投射到眼球上。略微改变光源的角度，即可得到不同位置的眼神光。如果光源与人物正面的夹角为45°~90°，光线就很容易投射到眼白上。

4.5.3 大小和数量

眼神光的大小和创作者对视频中人物状态的理解有一定关系。

如果没有眼神光，人物就会显得没有精神、内心封闭，好像在拒绝沟通或者在传递一种紧张、不安的情绪。

眼神光过大会使人物看上去无神、不自然，尤其在将大面积的柔光投射到瞳孔中时，人物看起来就像一个盲人或机器人。

过小的眼神光会使人物显得特别“贼”，尤其在使用点光源照射瞳孔时，常给人一种阴险的感觉。多个眼神光可以让人物显得非常好看，更加神采奕奕，眼神光的位置通常在瞳孔的左右两侧或上下方。

第5章

短视频取景和服化道

在影视工业化制作流程中，场景、服装、化妆和道具都属于美术的部分，是影视作品视觉化中最重要的一环。短视频相较于影视作品对场景和服化道的要求比较低，但如果是拍摄古风视频、情景短片、婚礼视频、日系短片等题材的短视频作品的话，也对场景和服化道有一定的要求。

5

5.1 外景

外景是指摄影棚以外的场景，包括自然环境、生活环境等实景，以及在摄影棚外搭建的场景。其优点是真实、自然，具有浓厚的生活气息，有利于表现地方色彩或民族特色。下面介绍一些短视频中常用的外景，比如旅游景区、城市公园、山水田园等。

5.1.1 自然环境

田野、山川、湖泊、树林、海洋等自然风光，也是视频拍摄中的一类重要的取景地，如图 5-1 所示。这类取景地有一些是收取门票的景点，比如一些名山大川、古村古寨，另外很大一部分是城市郊外、田间地头等无人管辖的“野外”。景点的好处是网上的资料非常丰富，便于提前做好攻略，但是对于很多视频创作者来说，拍摄别人没有拍过的风景，挖掘更多的宝藏取景地，有时候也是创作的乐趣所在。

图 5-1

5.1.2 园林

园林，指特定培养的自然环境和游憩境域。在一定的地域运用工程技术和艺术手段，通过改造地形（或进一步筑山、叠石、理水）、种植树木花草、营造建筑和布置园路等途径创作而成的美的自然环境和游憩境域，就称为园林。在中国传统建筑中独树一帜且有重大成就的是古典园林建筑。

中式古典园林主要分为北方皇家园林和江南私家园林。北方皇家园林主要是封建帝王所建，为了彰显皇家气派，皇家园林大多依山傍水而建，建筑恢宏大气，比如颐和园、承德避暑山庄等，如图 5-2 所示。

图 5-2

江南私家园林多是明清时江南士大夫私人所建，大多小巧玲珑、建筑设计极为精巧雅致，如图 5-3 所示，典型代表是苏州、南京、扬州等地的园林。从整体风格上来看，园林庭院属于秀美精致的人造景观，它能够兼具宅院府邸、亭台楼阁、花草树木、山水奇石等多种景观，就譬如《红楼梦》中的大观园。因此，园林一般适合拍摄古代贵族生活、闺阁女子等古风场景。

图 5-3

5.1.3 巧用身边环境

在拍摄短视频时，创作者也可以巧用身边环境进行取景，比如城市景观。每年的中秋节前后，钱塘江都会迎来壮观的大潮，如图 5-4 所示。在这里拍摄短视频，可以捕捉到大潮涌起的震撼画面，非常适合拍摄纪实类和自然类的短视频。还有西安的永兴坊、大唐不夜城等，如图 5-5 所示，这些地方不仅有独特的建筑风格，还有深厚的文化底蕴，为短视频创作提供了丰富的历史人文素材。

图 5-4

图 5-5

除此之外，创作者也可以去一些主题公园取景，如图 5-6 所示，公园里面设施丰富，活动多样，非常适合拍摄娱乐类、亲子类的短视频。在拍摄之前，创作者可以有意识地查询所在城市的一些特色地点，方便后期的拍摄。

图 5-6

5.2 内景

内景是指摄影棚内搭置的场景，内景的有利因素是不受天气、季节等自然条件的限制和影响，同时较易于创造出所需的环境气氛和视觉效果；不利的方面是耗资大，制作费时，某些场面容易显露人工痕迹，缺乏真实感。

5.2.1 租赁摄影棚

摄影棚是电影制片厂中拍摄内景的最主要的生产场所。不同的经济体制、社会环境与生产条件可能形成不同形式、规模的摄影棚。早期的摄影棚只是一个仅有顶棚和棚架、四面漏空的“大棚子”，“摄影棚”的名称由此而来。

在拍摄古风视频、情景短剧等题材的视频时，可能会需要一些特定的场景进行专业的内景拍摄，租赁摄影棚是一个常见的选择，如图 5-7 所示。在预订影棚之前，需要充分了解影棚的规则和条款，包括使用时间、可使用的区域、设备租赁、安全规定、噪声限制等，并与管理人员沟通好拍摄需求，包括所需的时间段、场景、特殊设备等，确保有足够的时间来拍摄。

图 5-7

5.2.2 打造简易摄影棚

如果没有足够的预算或资源租赁专业摄影棚，拍摄场景也较为简单，创作者可以自己搭建一个简易摄影棚，如图 5-8 所示。以下是搭建摄影棚的一些注意事项。

- 选择合适的空间：找一个合适的空间作为摄影棚，可以是客厅、卧室、阳台等地方，要保证有足够的空间。
- 准备必要的器材：包括背景轴和单色背景（如白色、黑色、灰色等），闪光灯和灯架，柔光箱和反光板等。这些器材可以根据预算和需求进行选择和购买。
- 布置场景：根据拍摄主题和风格，使用道具、装饰物等布置场景。
- 注意光线：确保拍摄区域有足够的光线，可以通过使用闪光灯、调整窗户位置等方式来改善光线条件。

图 5-8

5.2.3 内景拍摄注意事项

无论是在影视城室内、景点的古建筑内还是专业的古风摄影棚里拍摄，本书中都将统称为“内景”拍摄。相比于外景拍摄，在内景拍摄时有一些注意事项需要多加留意。

1. 光线

外景拍摄时多借助于自然光照明，光线通常比较充足，不用太担心曝光问题。但是室内环境一般光线较暗，如果不注意进行补光，容易导致画面曝光不足，影响视频的画质。如果预算充足，可以多添置灯光来进行照明。如果预算有限，可以多借助自然光，比如到门窗附近拍摄、多拍中近景、少拍全景等方式来弥补光线的不足，如图 5-9 所示。

图 5-9

2. 镜头的选择

在内景拍摄时需要注意镜头的选择。广角镜头能够容纳更多的场景内容，但是过于广角的镜头会在画面边缘产生畸变，所以在内景拍摄时，一般不建议使用小于 35mm 焦段的镜头进行拍摄，以防室内的建筑、陈设、家具等在画面中产生畸变。一般来说，35mm 和 50mm 多用于室内的全景画面、中景画面拍摄，85mm 的长焦镜头可用于人脸的近景和特写画面拍摄。如果要使用比 85mm 更远的长焦镜头拍摄，则需要注意室内是否有足够的空间距离架设机位，如果室内空间较小，相机与拍摄对象距离较近，长焦镜头则无法拍摄到完整的画面，不利于构图取景。

3. 走位设计

视频拍摄相比于照片拍摄最大的一个特点就是：运动。视频拍摄中的运动包括拍摄对象的运动和相机的运动。拍摄对象的运动是指演员的运动走位，在内景拍摄时，需要提前模拟演员的行动路线和轨迹，可以根据拍摄需要对室内陈设和道具进行重新布置和调整。比如，拍摄一个主角从架子上拿走一壶酒走到桌前坐下的镜头，就需要检查演员行动过程是否顺滑、流畅，是否有家具和陈设阻挡。如果此时要配合相机的运动，比如使用稳定器对演员手中的蜡烛进行跟随拍摄，还需要清理出摄影师的移动路线，以防撞到其他陈设家具，为运动镜头的拍摄预留出足够的拍摄空间，如图 5-10 所示。

图 5-10

4. 道具的使用

在拍摄内景时，可以使用一些小道具和小技巧，让视频画面更有氛围感。比如在镜头前使用黑柔滤镜，既可以对人物皮肤进行柔化，也可以柔化室内场景的暗部，降低画面的对比度，给调色预留更多的调色空间。在室内放烟同样可以提升画面暗部细节，当光线不足时，室内暗部不至于死黑一片。在拍摄古风视频时，也可以使用油纸伞、团扇等道具来辅助人物形象的塑造，如图5-11所示。

图 5-11

5. 穿帮镜头

在拍摄时需要留意一些穿帮的痕迹，比如在拍摄古风视频时，需要留意角落里的灯架、地板上的电线、墙壁里的插座接线板，还有其他一些不属于古代的现代物品，如图 5-12 中所示的现代化护栏。这些穿帮的痕迹在视频的后期处理中需要花费很多精力才能抹去，所以在前期拍摄时就要尽量杜绝这样的穿帮痕迹，每拍摄完一条素材后当场仔细回看、检查是否有穿帮痕迹。

图 5-12

5.3 服装

服装搭配对塑造人物的重要性不言而喻，它不仅仅是选择几件衣服穿在身上的简单行为，更是展示个人风格、传达情感、塑造形象的重要手段。

5.3.1 根据人物人设搭配服装

根据人物人设搭配服装时，需要从多个方面考虑，以确保服装与人物的性格、气质、身材以及所要表达的主题相契合。

1. 了解人物人设

人物的人设可以从人物的性格特点和人物所处的环境等方面进行了解。人物的性格特点是内向还是外向，是沉稳还是活泼，人物所处的环境是职场、休闲、运动还是正式场合，服装搭配需要与人物的人设相吻合。例如，气质沉稳的公司职员在会议现场需要选择西装、衬衫等正式的服装，而热情活泼的大学生在户外郊游时则可以选择轻松自在的服饰，如图 5-13 所示。

图 5-13

2. 选择与人物气质相符的服装风格

洒脱不羁的人物可以选择夸张、大气、张扬的服装款式，如宽大的外套、时髦的剪裁等，色彩上可以选择具有视觉冲击力的颜色，如图 5-14 所示。落落大方的人物选择简约、舒适、有质感的服装款式，如直线裁剪的款式、T 恤、牛仔裤等，色彩上倾向于柔和、自然的色调，如图 5-15 所示。温文尔雅的人物选择线条流畅、剪裁合体的服装款式，注重细节和质感，色彩上可以选择柔和、淡雅的色系。

图 5-14

图 5-15

3. 考虑人物身材特点

搭配服装需要充分考虑到人物的身材特点，尽量扬长避短。对于身材上下半身比例不够协调的人，可以通过服装的款式和搭配来平衡，如上身宽松下身修身等；还可以聚焦人物的优点，通过服装的款式和颜色来突出其长处，如拥有修长腿型的人可以选择适合的短裙来突出腿型优势，如图 5-16 所示。

图 5-16

5.3.2 向影视剧学习搭配

向影视剧学习服装搭配是一个有趣且实用的方法，可以帮助创作者从影视剧中汲取服装搭配的灵感，下面介绍一些学习要点。

1. 选择合适的影视剧

选择一些被公认为具有出色服装设计的经典剧集，还有当前流行的剧集，它们通常会跟随时尚潮流，提供时髦的服装搭配案例。

2. 观察角色服装

了解角色的性格、身份和所处的时代背景，这有助于理解为何会选择特定的服装；注意角色服装的色彩搭配，如对比色、相近色和中性色的运用。观察服装的款式、剪裁和面料，学习如何通过这些元素展现角色的特点。

3. 分析搭配技巧

学习如何通过不同服饰的叠穿来打造层次感，如衬衫配外套、背心配连衣裙等。观察角色如何运用配饰来提升整体造型，如项链、耳环、手链、腰带、帽子等。了解如何通过色彩冲撞来营造视觉冲击力，这在一些古装剧或现代剧中都有体现。

4. 借鉴并创新

从影视剧中挑选出适合角色身材、肤色和气质的服装元素，在借鉴的同时，加入自己的理解和创新，形成独特的个人风格，并将学到的搭配技巧应用到不同的场合中，如职场、休闲、运动等。

5.3.3 服装租赁、购买注意事项

在拍摄时，如果没有现成的可供使用的服装，那么只能选择租赁或者购买服装。下面介绍服装租赁和购买的一些注意事项。

1. 服装租赁注意事项

- 选择信誉度较高的租赁公司：这样可以更好地保证衣服的质量和一系列服务的质量，可以通过搜索引擎、朋友介绍、网站评价等方式了解公司的口碑。
- 关注租赁服务的细节：租赁服务的细节十分重要，如租赁流程、服务内容、质量保证、赔偿条款等。消费者应该在租赁前详细了解这些细节，以避免发生不必要的纠纷。
- 确定租赁衣服的用途和场合：租赁衣服的用途和场合决定了选择的款式和质量要求。消费者应该根据自己的需要选择合适的租赁衣服，避免出现穿着不合适的尴尬情况。同时，在租赁前需要对租赁衣服进行全面的检查，确保服装的质量符合需求。
- 注意清洁和保养：租赁的衣服应该注意清洁和保养，以免影响下一个租赁者使用。
- 询问档期：如果租赁的是特定款式或热门服装，需要提前咨询租赁公司的档期，确保所选时间可用。
- 及时寄回并检查衣物：使用之后要按时寄回并及时给客服运单号，检查衣物，不要遗漏破损和严重脏污，避免造成不必要赔偿。

2. 服装购买注意事项

- 注意查看产品标识：吊牌上要注意查看该服装的生产者或销售者的单位及地址，因为这关系到产品质量责任归属，还要查看产品的质量等级状况、产品名称及产品现状等。

➢ 检查材质和洗涤方法：查看服装布料（面料、里料、填充料等）采用的材质组成描述是否清晰齐全，并了解服装的洗涤方法。
➢ 检查服装是否有瑕疵：仔细观察，布面是否有瑕疵、色差、污渍等，缝制、拉链、纽扣是否牢固。
➢ 正确穿用和维护：对于一些价值昂贵的真丝、毛呢服装，要特别注意正确穿用和维护，以延长其使用寿命。

5.4 化妆

化妆可以强化个人特质和个性，这种个性化的强化可以帮助人们在视觉上留下深刻的印象，使得个体形象更加鲜明和突出，使人物更富有魅力。

5.4.1 妆容与发型

设计人物的妆容与发型时，需要综合考虑人物的性格、年龄、场合以及个人喜好等因素。以下是一些常用的设计技巧。

1. 妆容设计

➢ 分析人物特点：首先，需要了解人物的性格、气质和年龄等特征，以确定妆容的整体风格。例如，开朗活泼的人物可能适合清新自然的妆容，而成熟稳重的人物则可能更适合优雅大方的妆容。
➢ 选择适合的妆容色调：根据人物的特点和所处场合，选择适合的妆容色调，而且人物的肤色、发色和眼睛颜色等因素都会影响妆容色调的选择。例如，浅色系的妆容可能更适合肤色较白的人物，而深色系的妆容则可能更适合肤色较深的人物，如图 5-17 所示。
➢ 突出面部特点：利用粉底、遮瑕膏、腮红、眼影、唇彩等化妆品，突出人物面部的特点。例如，如果人物的眼睛很美，可以重点强调眼部妆容；如果嘴唇形状好看，可以选择鲜艳的唇色来突出。
➢ 保持整体协调：妆容的各个部分（如眼部、唇部、腮红等）需要相互协调，避免出现过于突兀或杂乱的效果。同时，妆容也需要与发型、服饰等整体造型相协调。

图 5-17

2. 发型设计

- 确定发型风格：根据人物的性格、气质和场合，确定发型的整体风格。例如，开朗活泼的人物可能适合轻松、可爱的发型，而沉稳干练的人物则可能更适合简约大方的发型，如图5-18所示。
- 考虑发质和发量：发质和发量是影响发型设计的重要因素，不同的发质和发量需要采用不同的造型技巧和产品来达到理想的效果。
- 利用发饰和发箍：发饰和发箍等配饰可以为发型增添亮点和个性，需要根据人物的特点和所处场合，选择合适的发饰和发箍来搭配发型。
- 保持整洁和卫生：无论选择何种发型，都需要保持整洁和卫生。定期洗发、修剪发梢才能保持发型美观。

图 5-18

5.4.2 头饰与配饰

设计人物的头饰与配饰是一个富有创造性和艺术性的过程，它不仅可以增强角色的外观吸引力，还能为角色增添独特的个性和故事背景。以下是一些设计人物头饰与配饰的技巧。

1. 明确角色设定

- 角色性格：头饰和配饰应该与角色的性格相匹配。例如，一个活泼的角色可能适合佩戴色彩鲜艳、形状独特的头饰，而一个沉稳的角色可能更适合简单而经典的款式。
- 文化背景：头饰和配饰的设计应反映角色的文化背景。例如，在东方文化中，角色可能佩戴发簪、发带等发饰，而在西方文化中，角色可能佩戴皇冠、发网等头饰，如图 5-19 所示。
- 角色故事：头饰和配饰也可以作为角色故事设计的一部分，它们可能是角色过去的重要物品，或者是与角色未来冒险相关的关键道具。

2. 研究参考

- 历史与文化：查阅相关的历史和文化资料，了解不同时代和地区的头饰与配饰风格。
- 艺术与设计：从艺术作品中汲取灵感，如绘画、雕塑、珠宝设计等。
- 流行文化：观察和分析流行文化中的头饰与配饰趋势，如电影、动画、游戏等。

3. 设计构思

- 形状与线条：头饰与配饰的形状和线条应该与角色的面部特征、发型和身体线条相协调。
- 材质与色彩：选择适合角色设定和场景的材质与色彩。例如，金属、宝石、羽毛、布料等材质都可以用于头饰与配饰的设计，色彩方面可以根据角色的性格和故事背景来选择。

- 细节处理：注重头饰与配饰的细节处理，如纹理、图案、装饰等，这些细节可以增强头饰与配饰的视觉效果和独特性。

图 5-19

5.4.3 化妆注意事项

化妆可以有效地修饰面部的缺陷，如痘痘、黑眼圈、色斑等，通过遮瑕、粉底、高光等技巧，可以使肌肤看起来更加光滑、细腻，从而改善整体形象，对人物的塑造非常重要。下面介绍一些化妆的注意事项。

- 掌握化妆技巧：化妆不仅仅是涂抹和描画，它还需要一定的审美观念和艺术鉴赏能力，了解人体美、和谐美的自然规律。
- 色彩协调：正确地运用色彩进行渲染和描画，是保证妆面和谐自然的关键，选择与肤色、服装、场合等相协调的色彩，能够提升整体美感。
- 整体格调：妆面的整体效果要与年龄、气质、身份、服装、发型以及时间、场合、季节等协调统一，达到整体格调上的和谐一致。
- 切勿涂抹过于浓厚：化妆要求顺其自然，使用化妆品应适可而止，涂抹过于浓厚反而会适得其反。
- 清除残留粉迹：搽粉后应及时清除发型、眉毛、睫毛和衣领上遗留的粉迹，避免给观众留下仪表不整洁的印象。
- 妆前准备：化妆前的清洁工作非常重要，确保面部干净无污垢，妆容才能更好地附着。

提示：每个人的肤质和面部特征都不同，因此化妆时需要根据实际情况进行调整和改变。

5.5 道具

道具对视频拍摄的重要性体现在多个方面，它们不仅能够丰富视频的画面，还可以在视频中作为情节发展的线索或标志，帮助观众更好地理解故事情节，增加视频的连贯性和可看性。道具可以揭示角色的性格、身份、喜好等，通过道具的选择和使用，可以塑造出更加立体、生动的角色形象。

5.5.1 置景道具

置景道具是指放置于拍摄场景中不能随身移动的大型道具，比如桌椅、床榻、屏风、古玩陈设等。置景道具在电影、电视剧或短视频拍摄中扮演着至关重要的角色。它们不仅有助于增强视觉效果，还能辅助情节表达、塑造角色形象、营造氛围和情感等。以下是关于置景道具使用的一些要点。

- 道具的时代特征：为了使场景更加真实，道具应该具备其所处时代的特征，例如，在拍摄历史剧时，应使用符合历史背景的道具，如古代的器皿、服饰、家具等。
- 道具的生活气息：道具要让人物和故事更富有生活气息，需具备现实生活中的元素。在家庭戏中，可以使用真实的家居用品、食物、衣物等；在办公室场景中，摆放办公用品、文件、电脑等，如图 5-20 所示。
- 道具的情感表达：道具也可以用来传达角色的情感和内心世界，比如，使用特定的道具来表现角色的身份、喜好或情感状态。
- 道具的布置与搭配：道具的布置与搭配也是关键，要避免道具过于拥挤或杂乱无章，以免分散观众的注意力，道具应该与场景融为一体，既不显眼也不突兀。
- 道具的创新运用：除了常规的道具运用方式外，可以尝试创新运用道具来增强场景的真实感，例如，使用非传统的道具来替代常规物品，或者将道具进行特殊处理，如涂鸦、改造或搭配等。

图 5-20

5.5.2 随身道具

随身道具是指人物可以随身携带，创作者可以根据剧情需要和人物造型等随时进行调整的各种小型道具，比如扇子、竹笛、花卉、首饰等。合适的随身道具，不仅可以辅助情节表达，还可以塑造角色形象、营造氛围和情感。

1. 辅助情节表达

随身道具可以作为情节发展的线索或标志，帮助观众更好地理解故事情节。例如，在侦探片中，侦探的放大镜、笔记本和笔都是随身道具，用于收集线索和记录信息，如图 5-21 所示。

2. 塑造角色形象

随身道具可以揭示角色的性格、身份、喜好等，从而塑造出更加立体、生动的角色形象。例如，在古装剧中，角色的佩剑、玉佩等随身道具不仅体现了其身份地位，还反映了其性格特点，如图 5-22 所示。

3. 营造氛围和情感

随身道具可以营造出特定的氛围和情感，增强观众的代入感和共鸣。例如，在浪漫爱情片中，男女主角的定情信物（如戒指、手链等）可以营造出浪漫、温馨的氛围，如图 5-23 所示。

图 5-21

图 5-22

图 5-23

5.5.3 选购与配置道具

选购和配置拍摄道具需要根据拍摄需求、道具选择、配置细节、预算考虑和其他注意事项来综合考虑，以确保拍摄顺利进行并达到预期效果。以下是一些需要注意的事项。

- 拍摄主题：首先要明确拍摄的主题，如古风、美食、旅拍等，这将直接影响所需道具的选择。
- 场景环境：考虑拍摄场景的环境特点，如室内、室外、自然光或人造光等，以便选择适合的道具。
- 实用性：道具要能够支持拍摄需求，例如拍摄亲子类短视频时，可以选用鲜花、玩具等道具来增强画面的趣味性和情感表达，如图 5-24 所示。
- 质量与安全性：道具的质量要过关，需确保在拍摄过程中不会出现问题，同时要注意道具的安全性，避免对拍摄人员或设备造成损害。
- 美观性：道具的外观设计要符合拍摄风格，能够与拍摄主题和场景环境相协调。
- 预算考虑：在选购和配置拍摄道具时，要根据预算来权衡性能和价格之间的关系，选择性价比高的道具。

- 道具的运输和存储：在准备道具时，要考虑如何将道具运输到拍摄现场以及如何存储和管理这些道具。

图 5-24

第6章

短视频录音技巧

声音看不见摸不着，但非常重要，干净、贴耳的音频会让观众感觉很专业。制作专业音频的方式也很简单，就是使用好的录音设备并用对方法。本章将分别介绍麦克风的选择、手机录音、电脑录音、现场实录及后期修音的基础技巧。

6

6.1 麦克风的选择

麦克风对于录音来说是很重要的设备，不同的麦克风适用于不同的场景，要根据实际的经济条件和录制环境进行选择。麦克风的种类和拾音模式在麦克风的说明书上都会有相应说明。

6.1.1 麦克风的种类

日常生活中大家会接触到各种各样的麦克风，比较常用的有动圈麦和电容麦，下面将分别进行介绍。

1. 动圈麦

动圈麦利用电磁感应现象制成，当声波使膜片振动时，连接在膜片上的线圈（音圈）在磁场里振动，产生感应电流（电信号）。动圈麦结构简单，价格低廉，可以过滤掉嘈杂的环境噪声，且低频响应好，录制的人声会显得很有磁性。但其缺点是录制时声源需离麦克风很近、否则录制出来的声音音量太小，所以常用于近距离拾音，如图 6-1 所示。

图 6-1

2. 电容麦

电容麦内置电容传感器，它的灵敏度高，录制频率较宽，对环境中的噪声非常敏感。电容麦常用来配音或录制歌曲，声音还原度高，适合在安静的环境中录音，如在贴有专业隔音棉的录音棚中录音。专业电容麦的价格通常比较高，如图 6-2 所示。

图 6-2

6.1.2 拾音模式

拾音模式主要指麦克风的拾音区域，不同的拾音模式适用于不同的场景。

1. 全向形拾音

全向形拾音麦克风的拾音区域是一个圆形，它对来自各个方向的声音都很敏感。如果录制合唱、会议等，最好选择全向形拾音麦克风。但它对录制环境的要求较高，不适合在嘈杂的环境中使用。

2. 心形拾音

心形拾音麦克风的拾音区域类似心形，如图 6-3 所示。这类麦克风可以更好地拾取来自麦克风前方的声音而过滤后方的声音，能够有效减弱环境中的噪声对录音的影响。心形拾音麦克风非常适用于个人录制，常用于演唱或主持。

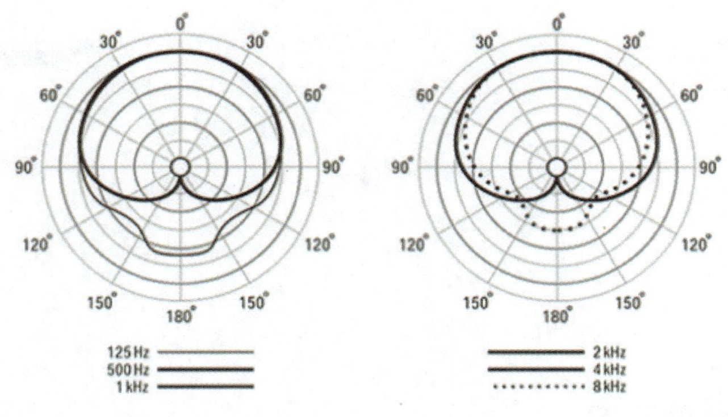

图 6-3

3. 双向拾音

双向拾音麦克风在它的前方和后方都有较小的拾音区域，常用于录制两人的谈话，它能很好地过滤来自其他方向的声音。

4. 枪式拾音

枪式拾音麦克风的拾音区域是麦克风正前方一个很窄的区域，它就像枪一样，只会对“枪口”前方的声音敏感，且灵敏度高，可以在相对嘈杂的环境中拾取距离较远的人声，常用于对白的录制。这类麦克风通常被安装在单反相机或微单相机的上方，或者用挑杆举在人物头顶上方并对准人物嘴巴录音。

6.2 手机录音

手机麦克风是专门为语音通话而设计的，如果用它录制音频，效果并不是特别理想。使用手机录音时可以自制一些设备，或者使用一些外置设备，以提高录制声音的质量。

6.2.1 降低噪声

如果创作者缺乏设备，或者对音频质量没过多的要求，可以直接使用手机录音。手机麦克风的灵敏度非常高，所以录音时应尽量找一个相对安静的环境，以减少外界干扰。避免在嘈杂的环境中录音，如咖啡厅、公共交通工具等地方，否则很容易拾取到嘈杂的环境音。

如果只录音不录像，手机的拾音孔可以尽量离嘴巴近一点，但不要直接对着拾音孔，如图 6-4 所示，否则容易录到很明显的呼气声或者喷麦的声音。说话声音大小应尽量均匀，不要忽大忽小，这样既能防止喷麦又能防止出现爆音，以免引起观众耳朵的不适。

图 6-4

提示： 喷麦指录音时嘴里喷出的气体会造成“噗噗”的响声，会让人感觉很不舒服。为了防止喷麦，可以在手机的拾音孔上套上干净的布料，或者戴上耳机，用胶带在耳机的拾音孔处粘上一小块海绵。

6.2.2 录音软件

手机一般都有自带的录音功能，以华为手机为例，在手机桌面上找到录音软件，如图 6-5 所示。点击打开录音软件，进入录音界面，然后点击界面底部的录制按钮，即可开始录音，如图 6-6 和图 6-7 所示。

图 6-5

图 6-6

图 6-7

除此之外，创作者也可以通过剪映App中的“录音”功能进行录音，下面介绍具体的操作方法。

将拍摄好的视频导入剪映App之后，在未选中任何素材的状态下，点击音频选项栏中的“录音”按钮，然后在底部浮窗中按住红色的录制按钮，如图 6-8 和图 6-9 所示。

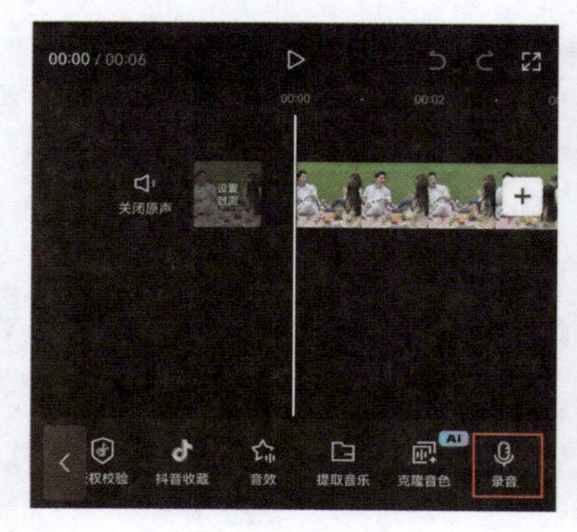

图 6-8

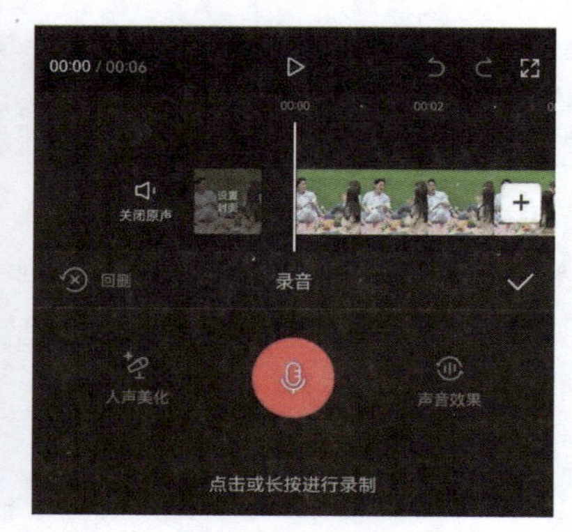

图 6-9

在按住录制按钮的同时，轨道区域将同时生成音频素材，如图 6-10 所示，此时用户可以根据视频内容录入相应的旁白。完成录制后，释放录制按钮，即可停止录音。点击右下角的按钮✓，便可保存音频素材，如图 6-11 所示。

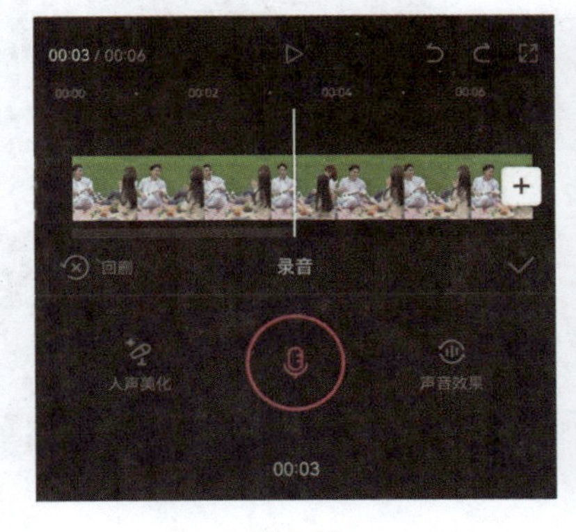

图 6-10

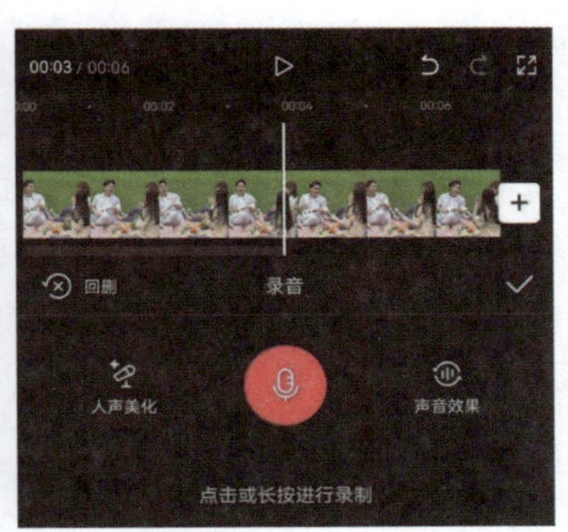

图 6-11

6.2.3 外置设备

当同步录制声音和画面时，添加一些外置设备可以提高录制声音的质量，例如常见的线控耳机、领夹式麦克风、外接麦克风和智能录音笔。

1. 线控耳机

相较于昂贵的专业录音设备，线控耳机虽然不需要什么成本，但音质效果一般，不能很好地对环境进行降噪处理。如果是个人简单拍摄，对录入音质没有太高要求的，使用线控耳机是个不错的选择。使用时只需要将耳机接头插入手机的耳机孔，便可实时进行声音传输，如图 6-12 所示。

图 6-12

2. 外接麦克风

外接麦克风经常可以在直播间或街头采访中看见，如图 6-13 所示，它的特点是体积小、便携，连接耳机孔就可以直接使用。不同价位的麦克风收音效果也会有很大的差别，好的麦克风对环境噪声有一个降噪效果，人声的清晰度比较高。大家在挑选购买时一定要多比较，根据自己的拍摄情况选择性价比最高的麦克风。

图 6-13

3. 智能录音笔

智能录音笔是基于人工智能技术，集高清录音、录音转文字、同声传译、云端存储等功能为一体的智能硬件，体积轻便，非常适合日常携带，如图 6-14所示。

与上一代的数码录音笔相比，新一代智能录音笔最显著的特点是将录音实时转换为文字，录音结束后，即时成稿并支持分享，大大方便了后期字幕的处理工作。此外，市面上大部分智能录音笔支持OTG文件互传，或是通过App进行录音控制、文件实时上传等，非常适用于手机短视频的即时处理和制作。

图 6-14

6.3 电脑录音

若创作者对音频的质量要求较高，使用相机或手机录音的效果不尽如人意，这时就可以用电脑录音。电脑录音常用于翻唱、解说、配音等内容的录制，录制的声音质量通常较高。

6.3.1 准备设备

电脑录音的第一步是连接设备，专业的设备可以让录制的声音得到更好的还原，而最重要的设备自然就是电脑。通常情况下，录音对电脑的要求并不是特别高，家用电脑只要能安装录音软件基本就可以录音。常用的录音软件主要有以下几种。

- Windows录音机：这是Windows系统内置的录音机，可以录制外部声音（即麦克风声音）。如果需要录制电脑内部发出的声音，可以修改为录制“立体声混音”。
- Adobe Audition：这是一款专业的音频编辑软件，不仅可以用来录音，还可以对录音文件进行编辑，如音频降噪、多音轨拼接、放大声音等。
- Total Recorder：这是一款功能强大的录音软件，界面简洁清晰，操作简单，支持多种音频格式的录制和保存。
- GoldWave：这是一个集声音编辑、播放、录制和转换于一体的音频工具，支持多种音频格式的处理和转换。
- Perfect Sound Recorder：这是一款小巧易用的录音工具，可以将声音从麦克风、线路输入、卡带、MD播放器等直接录制为MP3/WAV文件。

除了电脑，声卡也是所需设备之一。声卡（Sound Card）也叫音频卡，是电脑多媒体系统中最基本的组成部分，是实现声波/数字信号相互转换的一种硬件，它可以将来自麦克风、磁带、光盘的原始声音信号加以转换，输出到耳机、扬声器、扩音机、录音机等声响设备。所有的电脑主板基本都有集成声卡，可以满足日常看视频、听音乐的需求。但如果要录制高质量音频，内置的集成声卡就无法满足需求，需要外置专业声卡，如图 6-15所示。

图 6-15

6.3.2 基础设置

准备好设备之后，需要对录音软件进行设置，设置完成后才可以正式进行录音。下面以Adobe Audition（简称AV）为例，讲解在电脑上录音的基本操作。

启动AU，选择一个轨道，单击R按钮，进入录音模式，如图 6-16所示。在“输入”列表中选择“单声道”选项，向右弹出子菜单，选择其中一项即可，如图 6-17所示。

多数指向性麦克风都会固定指向需要拾取的声源，因此它们也称为单声道麦克风，可以极大降低其他方向的声音（如麦克风的左右两侧），能够很好地遏制杂音，此时生成的录音文件也是单声道的。

立体声的麦克风会由两个单独的音头录制两段不同的音轨，一般会用于拾取现场环境或其他需要明显渲染现场气氛的场景中。

图 6-16

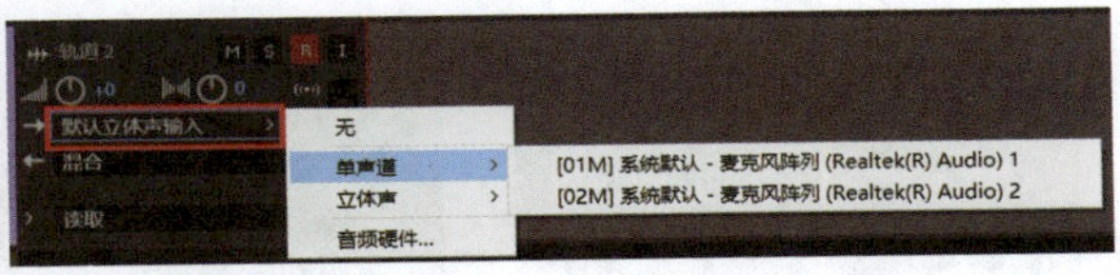

图 6-17

单击轨道下方的“录制”按钮，或者按Shift+空格键，开始录制音频，如图 6-18所示。录制完成后，再次单击“录制”按钮，退出录制。在文件面板中会显示已经录制的音频文件，如图 6-19所示。

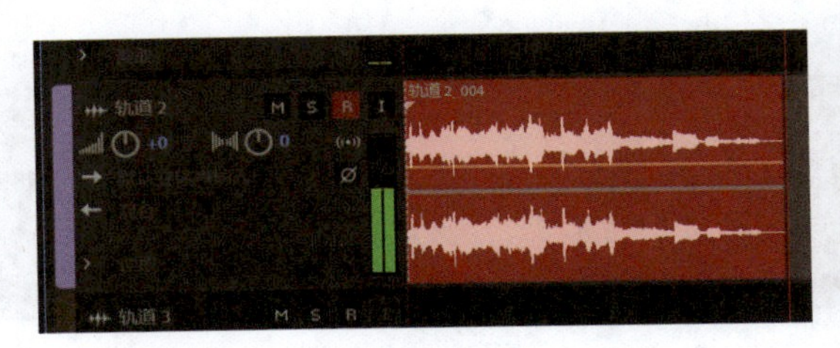

图 6-18

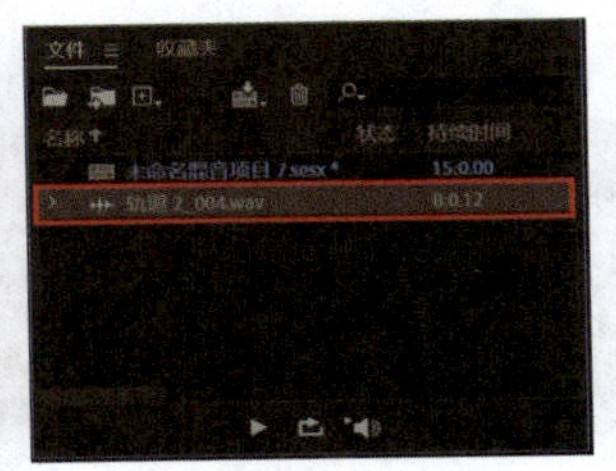

图 6-19

双击轨道名称进入编辑模式，输入自定义名称，如“老师”，如图 6-20 所示。重复操作，继续为另一轨道命名，如图 6-21 所示，方便在不同的轨道上录制不同的音频。

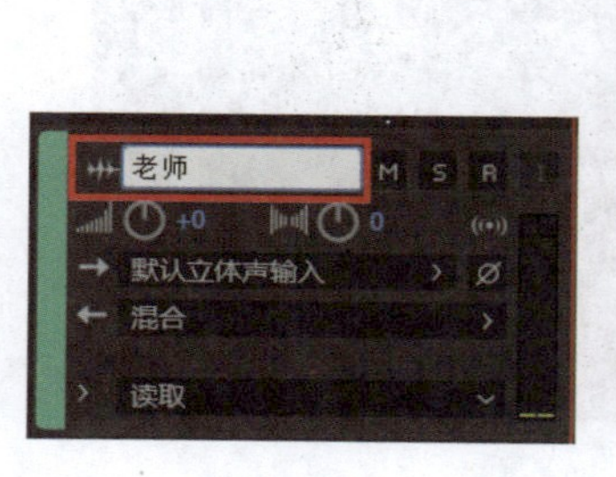

图 6-20

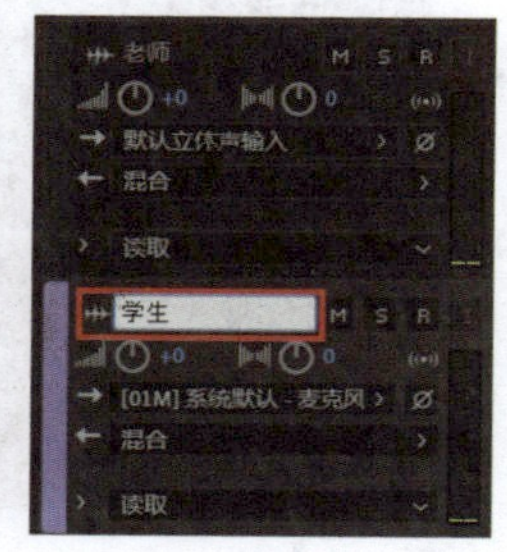

图 6-21

为了方便通过颜色选择轨道，双击轨道顶端的颜色色块，打开“音轨颜色”对话框，选择一个颜色，单击“确定”按钮，即可更改轨道颜色，如图 6-22 所示。

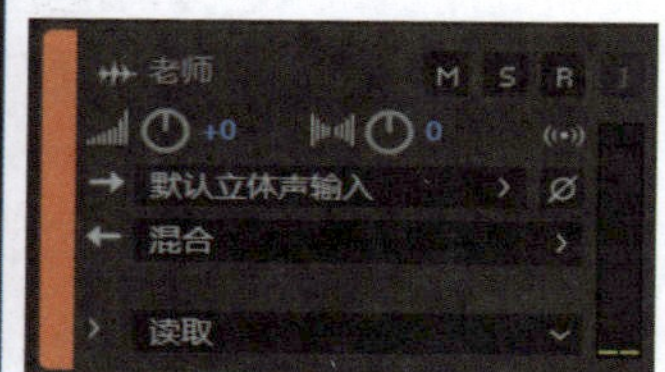

图 6-22

完成设置后，单击R按钮进入录制模式，如图 6-23 所示。在不同的轨道上分别录制老师与学生的音频，如图 6-24 所示。

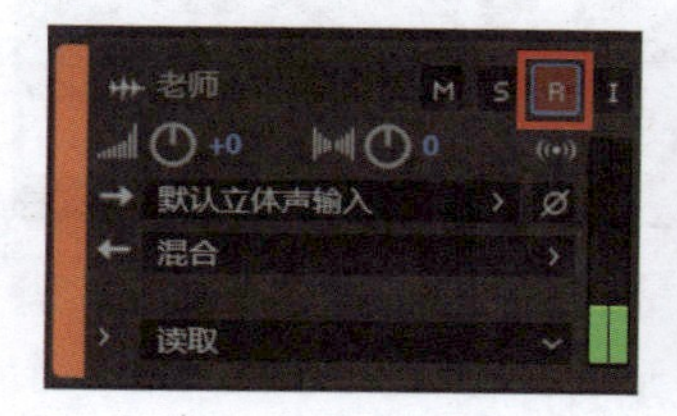

图 6-23

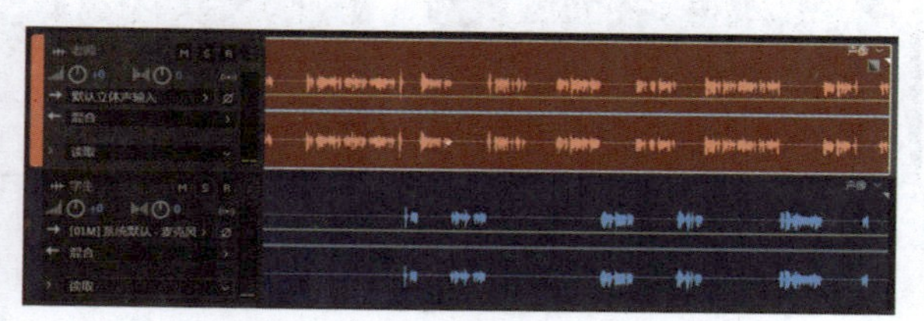

图 6-24

如果音频里出现大段的空白，可利用“剃刀工具”进行裁剪，如图 6-25 所示。删去空白片段后，音频的连接会更加紧凑。

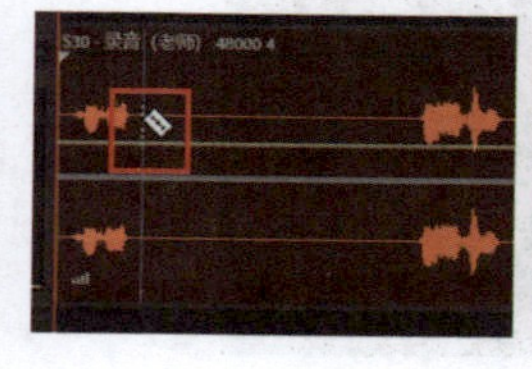
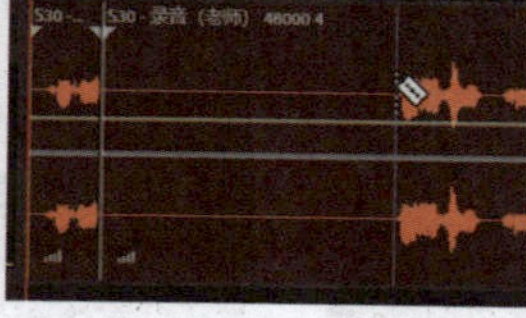
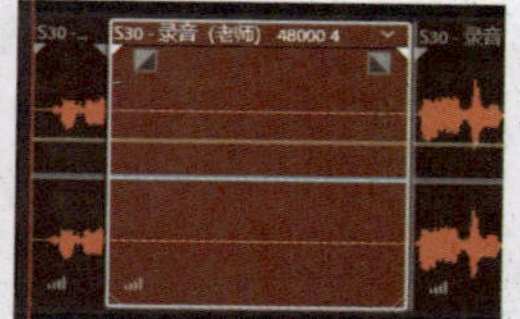

图 6-25

在结束一句话，开始下一句话的时候，通过添加淡入淡出效果，如图 6-26所示，可以使两句话的衔接更加自然。并不是每段对话都需要添加淡入淡出效果，根据情况来添加即可。

重复上述操作，完成音频的初步剪辑，如图 6-27所示。

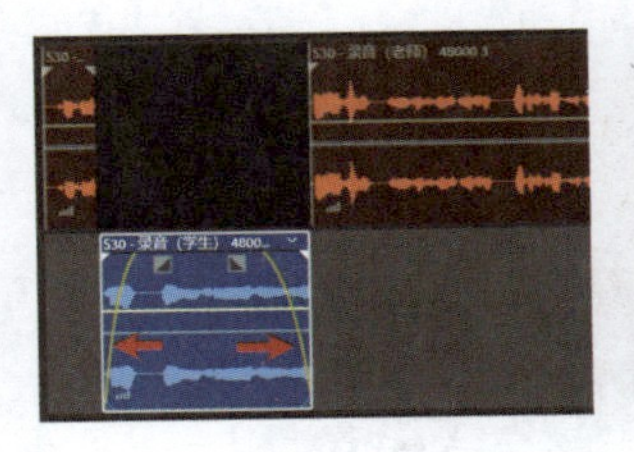

图 6-26

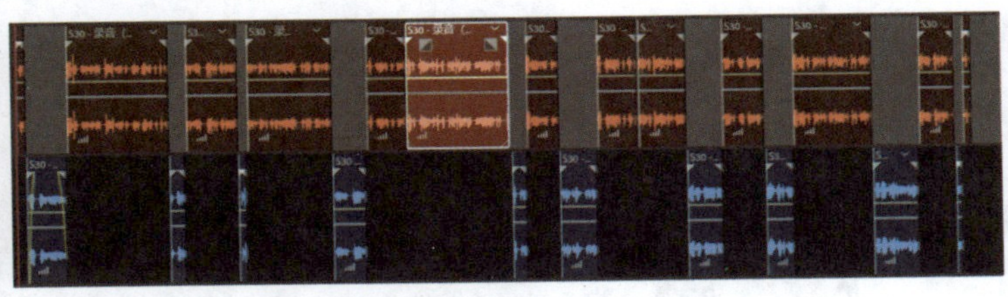

图 6-27

6.3.3 注意事项

声音的录制一般需要注意录音环境、录制距离、喷麦和监听等问题，下面将具体进行介绍。

- 录音环境：在录音时，尽量选择安静的环境，避免背景噪声对录音质量的影响。
- 录制距离：不管使用什么麦克风，麦克风都应尽量离声源近一点，这可以减少噪声的录入，还可以让声音更加贴耳。
- 喷麦：合理使用防喷罩，防止喷麦，如图 6-28所示。
- 监听：录音时要注意监听，若麦克风或连接线路出现障，使音频有“吱吱”的电流声，就需要重新录制。

图 6-28

6.4 现场实录

现场实录常用来录制教学视频、Vlog及多人对白场景等，创作者可以根据不同的录制内容选择不同的录制方式和录制设备。

6.4.1 录制方式

拍摄视频时，音频的录制方式通常有两种，即声画同步和声画分录。录制声音时，需根据实际情况选择不同的录制方式。

1. 声画同步

声画同步是指当录音设备与拍摄设备直接相连时，录音设备录制的声音通常可以同步覆盖拍摄设备录制的声音，这样在剪辑时就不需要再重新对齐声音，方便快捷，图 6-29所示为声画同步所用设备。

2. 声画分录

声画分录是指在使用专业录音设备录制高清音频时，视频拍摄设备会录制相同的声音，但质量不如专业录音设备录制得好，所以后期需要把视频拍摄设备录制的声音替换成高清音频。而在采用声画分录的方式时，后期为了能更快地对齐波形，拍摄前一般需要打板，如图 6-30 所示。打板的声音比较响亮，会在两种设备录制的声音中都留下较宽的波形记号，方便后期对齐波形、替换声音。如果没有场记板，可以通过拍手代替。

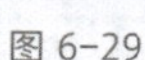

图 6-29

图 6-30

6.4.2 录制设备

现场实录时，根据录制环境的不同会用到不同的录音设备，如机头麦、枪式麦克风、领夹式麦克风等。放置麦克风时要注意其高度、角度和方位，使声源方向处于麦克风的有效拾音区域内。

1. 机头麦

机头麦多为心形拾音麦克风，其价格低廉，主要用于收集麦克风前方的声音，录制的声音清晰，如图 6-31 所示。机头麦适合在录制教学视频或采访时使用，如果在室外录音且有风的情况下可以配上一个防风罩。

图 6-31

使用机头麦时可以直接将其插头插入相机的收音孔中，机头麦收录的声音会自动录入相机，覆盖相机录制的声音，这样后期就不用耗费时间分类整理声音和画面，也不用在后期软件里对齐声音。

2. 枪式麦克风

枪式麦克风具有较强的指向性，其体形较长，多用于拍摄对话场景。可以把它放在专用麦克风支架上，拍摄运动镜头时就需要人举着支架，如图 6-32 所示。枪式麦克风通常需要和录音笔、挑杆、延长线、减震支架配合使用，基本使用原则是谁说话麦克风就指向谁。如果人物在运动，录音师也要同步运动，并且需要在保证麦克风不出镜的情况下，使其尽量离嘴巴近一点。没有录音笔的时候，可以用一根长一点的延长线连接相机的枪式麦克风，这样可以让录音变得更加灵活。

图 6-32

3. 领夹式麦克风

图 6-33

领夹式麦克风有点类似耳机线，如图 6-33 所示，它配有一个小夹子，可以直接夹在衣领上，使用起来很方便，插上手机就可以了。适用于舞台演出、人物对话等场合。这种麦克风也是现在使用比较多的麦克风，它不像传统的麦克风那么笨重，便于携带，出门录视频非常方便，性价比也很高。

6.5 后期修音

录制的声音通常需要降噪和音量校正，以确保声音更干净、更好听，这也是声音处理时的基础操作，下面将详细进行介绍。

6.5.1 降噪

降噪的目的是让声音更加干净，如果声音本身就很干净，降噪后的效果会更好。现在大多数视频编辑软件和音频处理软件都具备降噪功能，比如剪映，将音频导入时间线之后，只需选中音频素材，然后在素材调整区域勾选“音频降噪”复选框，即可对音频进行降噪处理，如图 6-34 所示。

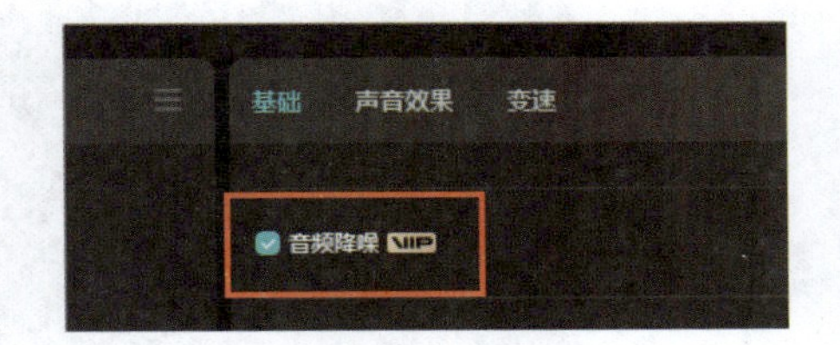

图 6-34

而 Adobe Audition 当中，操作则稍稍复杂一些，需要在“效果组”面板中的“预设”列表中选择“播客声音”选项，在列表中显示该效果组所包含的 5 个效果，如图 6-35 所示。降噪效果采取了全频段的降噪方式，降噪数量为 45%，参数设置如图 6-36 所示，可以根据实际情况进行调整。

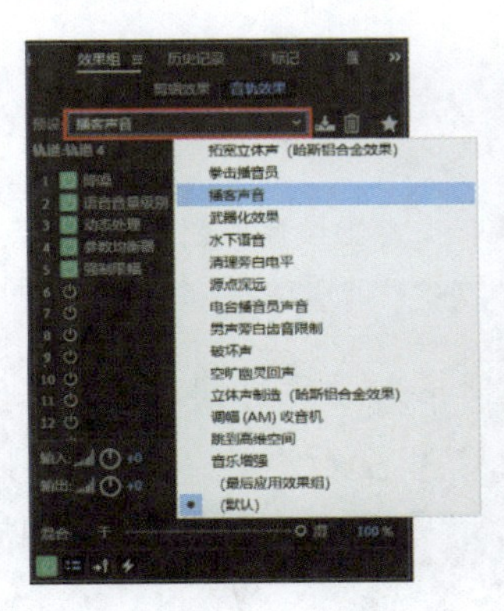

图 6-35

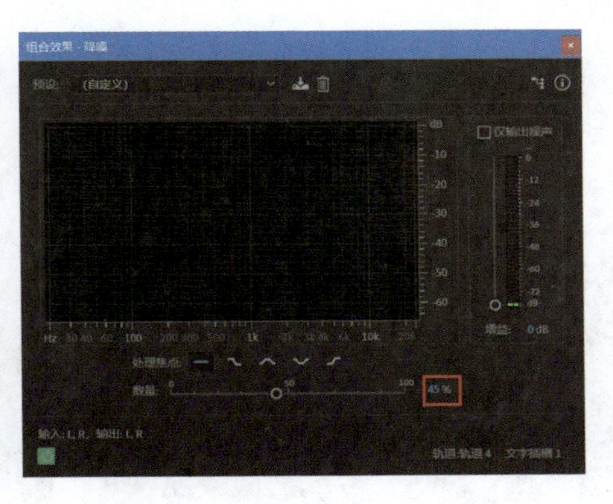

图 6-36

6.5.2 音量校正

音量校正可确保声音不会过大或过小，在剪映中有一个“响度统一”功能，开启后可统一所单选或多选的原片段响度，如图 6-37 所示。

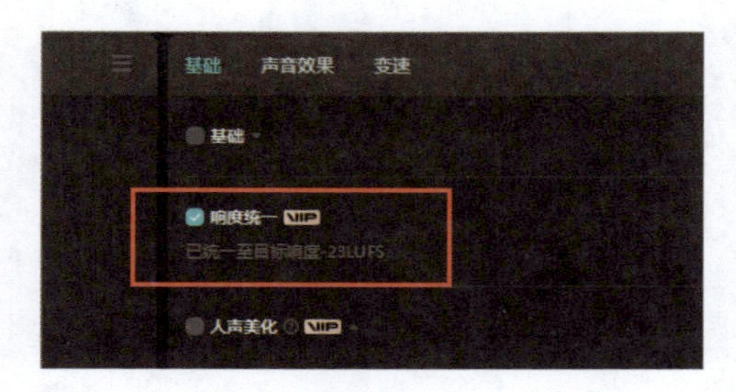

图 6-37

Adobe Audition 中也有相应的效果可以对音频的音量进行处理，“语音音量级别”效果能把不同音轨上的音量水平保持在一个差不多的级别上，如图 6-38 所示，使音频不会出现过高或过低的声音。

“动态处理”效果可以使大声的部分更大声，小声的部分更小声，参数设置如图 6-39 所示，从而使整个声音更富有动态和活跃感。

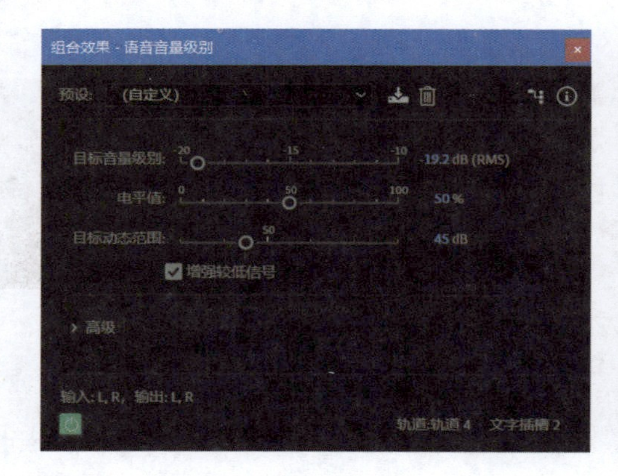

图 6-38

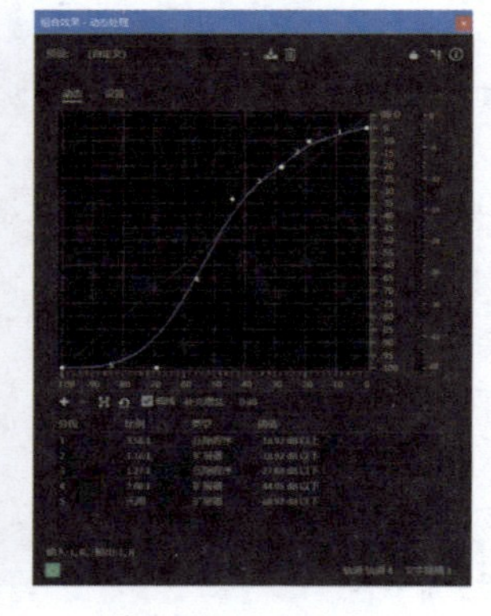

图 6-39

“参数均衡器”效果将低频部分切掉，使得声音听上去更加清澈干净；提高超高频的部分，使得声音听上去更加轻盈，曲线调整如图 6-40 所示。

“强制限幅”效果能压低超高音，确保声音不会发生爆破，参数设置如图 6-41 所示。

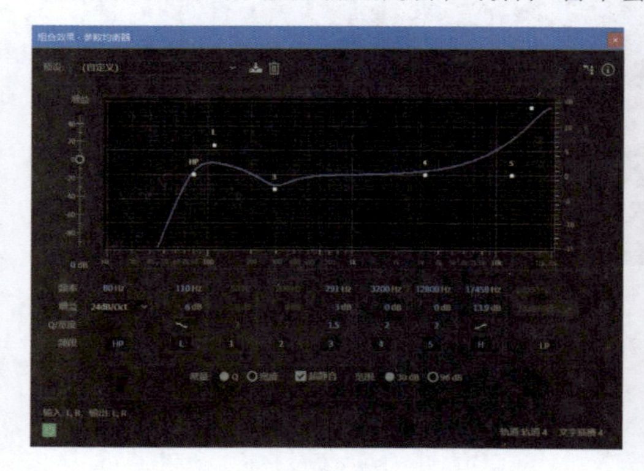

图 6-40

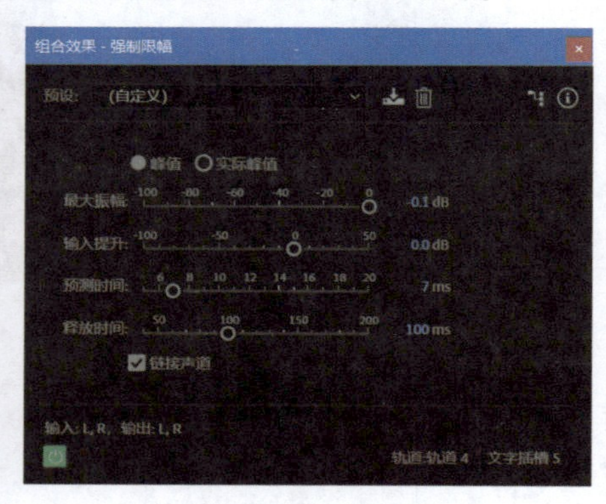

图 6-41

第7章

短视频的后期制作

短视频后期制作是一个旨在将拍摄的素材通过分割、变速、调色等方式，制作成具有感染力的短视频的过程。这个过程不仅包括视频的剪辑和特效添加，还涉及音频处理、字幕添加等多个方面，最终目的是让视频内容更加丰富、视觉效果更加震撼，同时提升观众的观看体验。

7.1 常见的剪辑软件

视频剪辑工具一般分为电脑端视频剪辑软件和手机端视频剪辑软件。电脑端视频剪辑软件在操作上有一定的难度，但是剪辑出来的视频效果一般都很好。手机端视频剪辑软件便于操作，可用于剪辑一些简单的短视频，新手非常容易上手操作。读者可以根据自身的情况去选择适合自己的剪辑工具。

7.1.1 手机端剪辑软件

常用的手机端剪辑软件有剪映、秒剪、巧影、快剪辑和VUE Vlog等，表 7-1 是几款常用的手机端视频剪辑软件的介绍。

表 7-1

软件名称	优点	缺点
剪映	（1）可以和抖音及剪映专业版联动 （2）自带大量模板和预设效果 （3）自带剪辑课程，方便用户学习 （4）操作简单，易上手	（1）过于复杂的视频效果无法实现 （2）参数调整不够灵活
秒剪	（1）视频号官方推出的手机端视频剪辑软件，适合视频号尺寸 （2）操作简单，易上手	功能较为单一，没有太多特效
巧影	（1）适合各种操作系统 （2）支持横屏和竖屏画面的剪辑 （3）有丰富的转场效果 （4）支持超高分辨率输出	（1）格式容易出错 （2）更多功能需要付费才能使用
快剪辑	（1）操作简单，功能强大 （2）不登录也能使用	不稳定，易卡顿、闪退
必剪	（1）自定义虚拟形象，可以在视频中给自己设置一个二次元虚拟人物 （2）录屏和录音功能，一个软件多用，不用另外下载专门的录屏/音软件 （3）有视频模板、素材中心，资源超丰富； （4）可以直接连接哔哩哔哩平台	（1）模板资源适用范围不广，大多只适用于哔哩哔哩平台 （2）过于复杂的视频效果无法实现 （3）参数调整不够灵活
快影	（1）操作界面设计合理，工具丰富且易上手，适合各个层次的用户使用 （2）提供了从基础剪辑到高级特效的全方位功能支持	（1）部分高级功能需要付费解锁 （2）在免费版本中，软件会不定期推送广告
iMovie	（1）布局简单清楚，零基础也能轻松上手 （2）可以在苹果公司的不同设备和软件间进行协作	（1）只能进行一些简单的剪辑操作，做不出复杂的视频效果 （2）只能在苹果设备上使用

7.1.2 电脑端剪辑软件

常用的电脑端视频剪辑软件有Premiere、Final Cut Pro、EDIUS、会声会影、爱剪辑和太平洋非编等。表 7-2 是几款常用的电脑端视频剪辑软件的介绍。

表 7-2

软件名称	优点	缺点
Premiere	（1）大多数的电脑操作系统都可以兼容Premiere （2）使用人数多，方便协同作业 （3）视频效果、参数可以进行灵活调整 （4）外置插件和预设效果非常多，可以丰富软件功能 （5）可以和其他Adobe软件高效集成，比如After Effects、Audition、Photoshop等	（1）对电脑的配置要求比较高 （2）剪辑过程中容易出现卡顿、意外退出等问题 （3）自带插件和预设效果少 （4）下载操作比较烦琐
Final Cut Pro	（1）界面清爽，稳定性强 （2）在剪辑过程中很少出现闪退的情况 （3）内置了很多特效 （4）预览视频流畅，渲染速度快	（1）在苹果电脑上才能使用，相关设备费用较高 （2）效果插件需要付费使用
EDIUS	（1）适合广播、电视和新闻记者使用 （2）提供实时、多轨道、多格式混编、字幕和时间线输出功能 （3）支持所有主流编码器的源码编辑 （4）对电脑的配置要求不高	（1）外部插件较少，制作进程缓慢 （2）使用CPU渲染，渲染不流畅 （3）不支持Adobe系列软件，功能单一
必剪	（1）有高清录屏功能 （2）自带丰富的素材库 （3）可以直接链接哔哩哔哩网站	（1）无法实现过于复杂的视频效果 （2）参数调整不够灵活
达芬奇	（1）是业内认可度较高的调色工具 （2）有可以免费使用的版本 （3）自带插件，功能丰富	（1）对电脑配置的要求高 （2）免费版本的插件较少，付费版才有更全面的插件
太平洋非编	（1）适合电视台和专业机构使用 （2）方便添加字幕 （3）操作简单，功能丰富 （4）运行较为稳定，不会轻易卡顿	（1）费用较高，不适合个人使用 （2）特效较少，操作较机械
剪映专业版	（1）简单易学好上手 （2）自带丰富的素材库 （3）字幕功能强大 （4）可以直接连接抖音平台	（1）过于复杂的视频效果无法实现 （2）参数调整不够灵活 （3）不能像Premiere那样输出可编辑的剪辑文件

7.2 短视频剪辑流程

很多人刚接触视频剪辑时，因为没有一个合理的剪辑流程，所以面对积攒的素材，总是会感觉无从下手。或者对某段素材做了很多处理，结果却发现没有同类型素材进行组合，只能返工，这样就大大拉低了出片效率，从而产生“剪辑好难”的想法。所以在学习视频剪辑之前，首先要做的就是了解剪辑的流程。

7.2.1 素材的整理和筛选

在短视频制作过程中，素材的整理和筛选是一个至关重要的环节，它不仅有助于保持工作流程的顺畅，还能提高后期制作效率。素材的整理和筛选，一共两个步骤，就是前期的整理以及后期的回看和筛选，下面将分别进行介绍。

1. 整理

整理指的就是将获取的素材导入剪辑软件，按照类型分门别类地放入对应的素材文件夹中。在剪映专业版中，在素材库的空白区域右键单击，在弹出的快捷菜单中选择“新建文件夹”选项，即可创建文件夹，并将素材分门别类地放入相应文件夹中。

2. 回看和筛选

回看和筛选，从字面上来看非常容易理解，就是将素材全部看一遍，从中筛选出需要的素材。在剪映中的对应操作就是选中素材，在预览窗口中预览，然后将不需要的素材删除。若是在剪映专业版中，也可以建立一个临时文件夹，将不需要的素材放进去，以防在后续剪辑过程中需要使用。

7.2.2 视频粗剪

视频粗剪也被称为初步剪辑或初剪，是视频制作过程中的一个关键步骤，它涉及对原始素材进行初步的组织和编辑，以构建一个视频的基本框架。以下是视频粗剪的详细流程。

01 选择关键镜头：观看所有素材，挑选出最能表达视频主题和故事的关键镜头为后续剪辑做准备，这些镜头通常是视频中最精彩、最有信息量的部分。

02 初步剪辑：使用剪辑软件的分割工具，对素材片段进行处理，只保留需要使用的部分，并按照故事发展的顺序，将这些片段连接起来。在连接片段时，可以使用简单的过渡效果（如淡入淡出、溶解等）来增强观看体验。

03 调整素材：根据视频的长度和节奏要求，调整每个素材片段在时间线上的位置和长度。确保视频的节奏紧凑、流畅。

04 添加基本音效：在粗剪阶段，可以添加一些基本的音效，如背景音乐、环境音效等，营造氛围和增强观看体验。

提示：粗剪是一个相对快速和灵活的过程，旨在构建视频的基本框架和节奏。在粗剪阶段，不需要过于关注细节和特效，而是专注于构建视频的整体结构和叙事。后续的精剪阶段将进一步完善和优化视频的效果。

7.2.3 视频精剪

视频精剪是视频编辑过程中的重要阶段，它涉及对粗剪后的视频进行深入的编辑和优化，以确保最终作品的质量和艺术效果。以下是视频精剪的详细流程。

01 预览粗剪版本：预览粗剪后的视频，了解整个故事线、节奏和场景布局，辨别出需要改进和调整的部分。

02 镜头选择与调整：反复观看视频，再次对素材片段进行剪辑，去除冗余和不必要的部分，使其与整体节奏和情节发展相匹配。

03 过渡效果与转场：对素材片段之间的过渡效果进行优化和调整，增强视频在视觉上的连贯性和吸引力，还可以制作独特的转场效果，突出场景之间的转变或强调特定情节。

04 音频优化：调整背景音乐的音量和平衡，确保其与视频内容相协调，并添加声音效果和声音设计元素，增强场景的氛围和情感表达，然后清除或降低不需要的噪声和杂音，确保音频质量。

05 色彩校正与调色：对视频进行色彩校正，确保色彩平衡、对比度和饱和度等参数符合期望效果，还可以应用调色效果，如滤镜、预设效果等，增强视频的整体色调和风格。

06 字幕与标题：添加必要的字幕和标题，帮助观众更好地理解视频内容，还可以设计吸引人的字幕样式和动画效果，增强视觉吸引力。

07 特效与动画：添加特效元素，如复古边框、光影、粒子效果等，增强视频的视觉效果。还可以使用动画来平滑过渡，并增强视频的律动。

7.3 短视频常用的后期剪辑技巧

剪映的设计初衷是“轻而易剪”，它将剪辑所需的多种效果进行了组合和封装，用户只需要在视频中添加各种剪辑效果即可，没有任何剪辑基础的用户也能轻松上手。本节将以剪映专业版为例，为读者讲解一些短视频常用的后期剪辑技巧。

7.3.1 实操：实现视频变速

剪映的“变速”功能包含“常规变速”和“曲线变速”两个选项。常规变速是对所选视频素材进行统一的调速；而曲线变速区别于只能直线加速或直线放慢的常规变速效果，它可以让画面同时呈现加速和放慢的效果，像绵延的山脉一样，既有山峰也有山谷。本小节将讲解使用“曲线变速”功能制作动感行车加速效果的操作方法，效果如图 7-1 所示。

图 7-1

01 启动剪映专业版，在首页界面中单击“开始创作”按钮⊞，如图 7-2 所示，进入视频编辑界面。单击“导入”按钮，如图 7-3 所示。

图 7-2

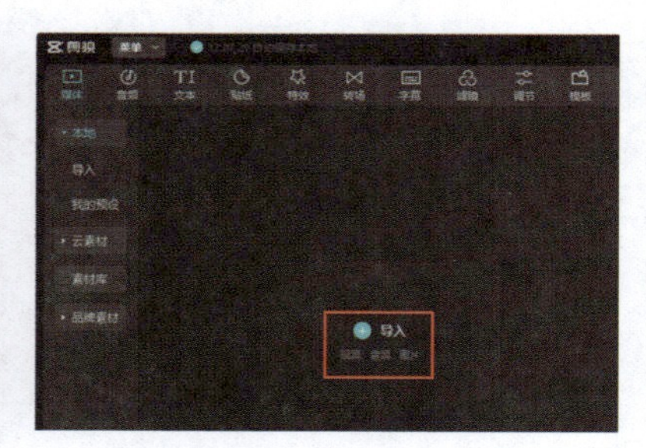

图 7-3

02 在弹出的“请选择媒体资源”对话框中，打开素材所在的文件夹，选择需要使用的图像或视频素材，然后单击“打开”按钮，如图 7-4 所示。执行操作后，即可将选中的素材导入至剪映专业版的本地素材库中，如图 7-5 所示。

图 7-4

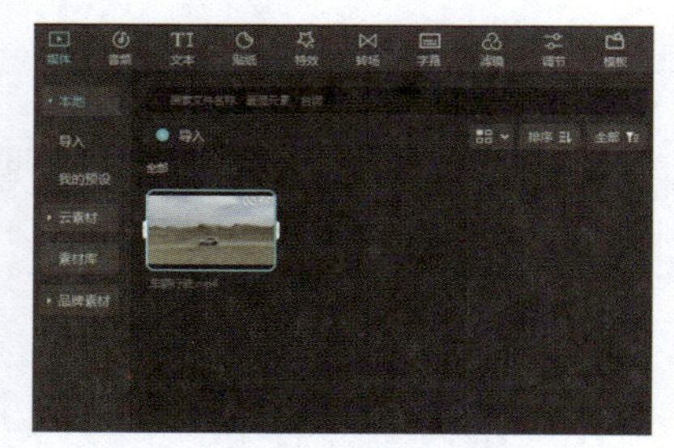

图 7-5

03 在本地素材库选中素材，按住鼠标左键，将其拖曳至时间线区域，如图 7-6 所示。

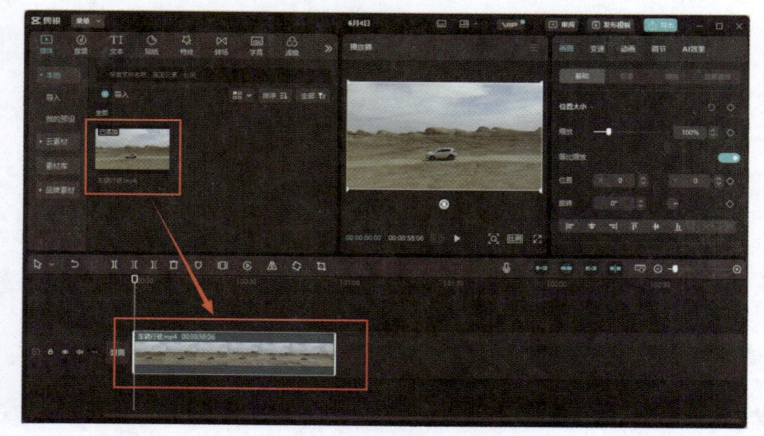

图 7-6

04 在时间线区域选中素材，在界面右上方的素材调整区域单击切换至变速选项栏，选择“曲线变速”选项，并在曲线变速选项栏中选择“自定义”选项，如图 7-7 所示。在打开的曲线编辑面板中，将面板中的第 2 个控制点向上拖曳，如图 7-8 所示。

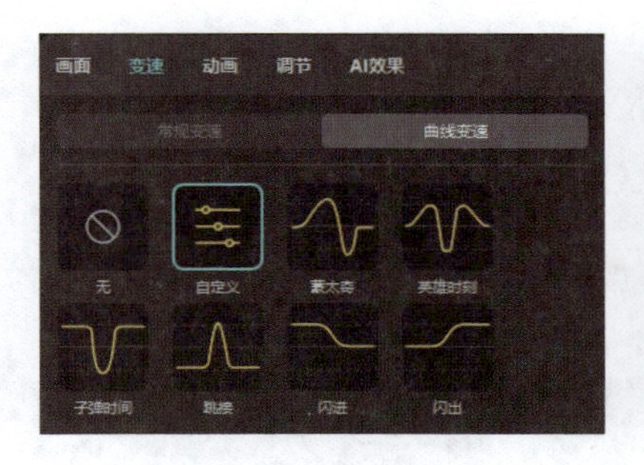

图 7-7

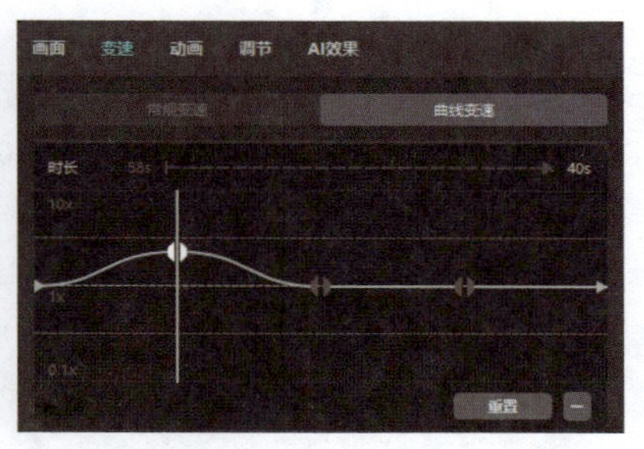

图 7-8

05 参照上述操作方法将余下3个控制点以阶梯的样式向上拖动，如图 7-9 所示。

06 在顶部菜单栏中单击“音频”按钮，展开音频选项栏，选择其中的“音效素材”选项，如图 7-10 所示。

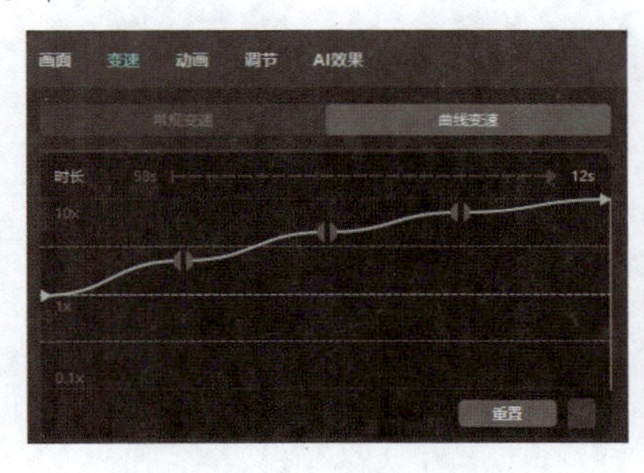

图 7-9

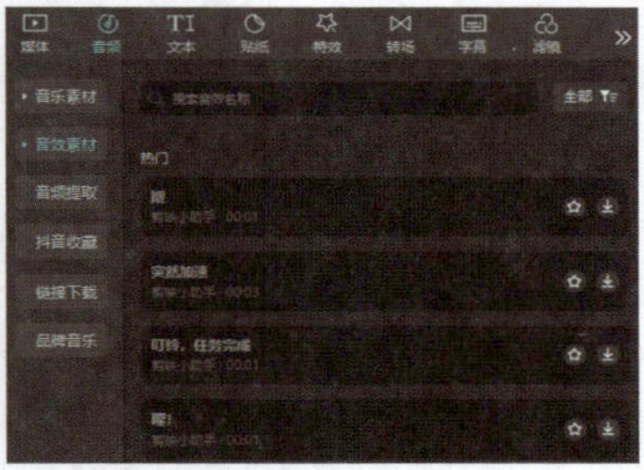

图 7-10

07 在搜索框中输入关键词“汽车加速”，然后在搜索出的音效素材中选择图 7-11 中的音效，按住鼠标左键将其拖曳至时间线面板中，将时间指示器移动至视频的尾端，单击工具栏中的“向右裁剪”按钮，如图 7-12 所示。执行操作后，即可将多余的音频素材删除。

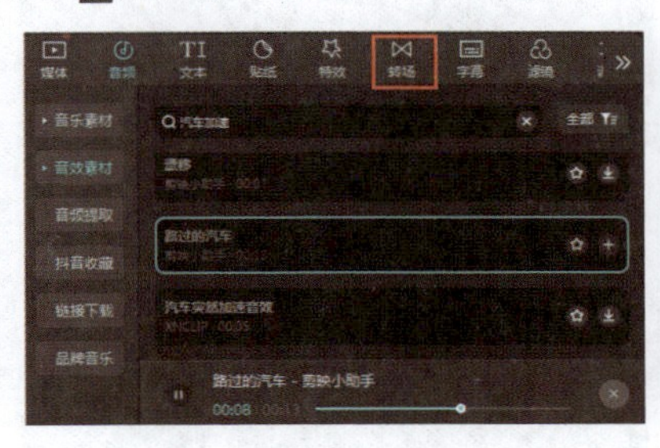

图 7-11

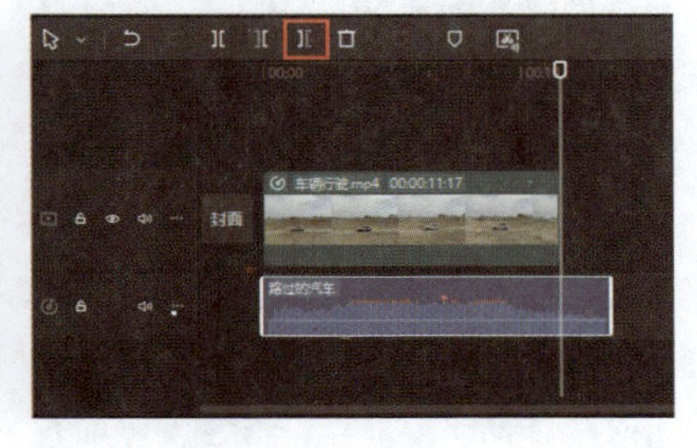

图 7-12

提示： 上述案例演示的是制作持续加速效果，如若用户需要制作持续减速效果，则可以将第1个控制点拖动至最高点，然后再将剩余控制点以阶梯的样式向下拖动。此外，若是让控制点在高位和低位交替出现，则画面将会在快动作与慢动作之间不断变化。

7.3.2 实操：制作视频转场

转场指的是视频段落、场景间的过渡或切换。合理应用转场效果能够使画面的衔接更为自然，给观众留下深刻的印象，就像很多古风类型或与传统文化有关的视频中，经常出现的水墨晕染的转场效果，不仅画面美观，而且与视频主题相得益彰。本小节将讲解制作水墨转场的操作方法，效果如图 7-13 所示。

图 7-13

01 启动剪映专业版软件，在本地素材库中导入4段古风人物视频素材，并将其拖曳至时间线区域。选中素材01，在素材调整区域单击切换至变速选项栏，在“常规变速”选项中拖动白色滑块，将数值设置为2.0x，如图 7-14 所示。

02 参照步骤**01**的操作方法，将素材02的播放速度也设置为2.0x，如图 7-15 所示。

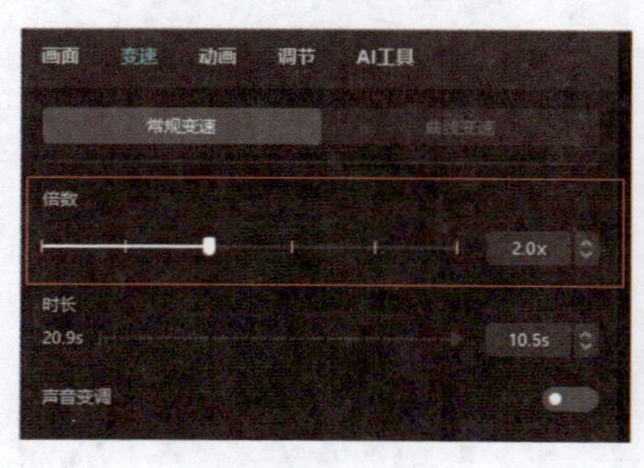

图 7-14

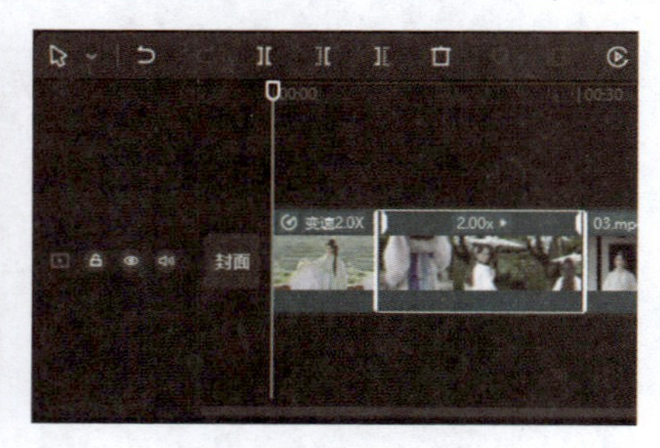

图 7-15

03 将时间指示器移动至00:00:04:21处，选中素材01，单击工具栏中的“向右裁剪”按钮，如图 7-16 所示。再将时间指示器移动至00:00:09:12处，选中素材02，单击工具栏中的“向左裁剪”按钮，如图 7-17 所示。

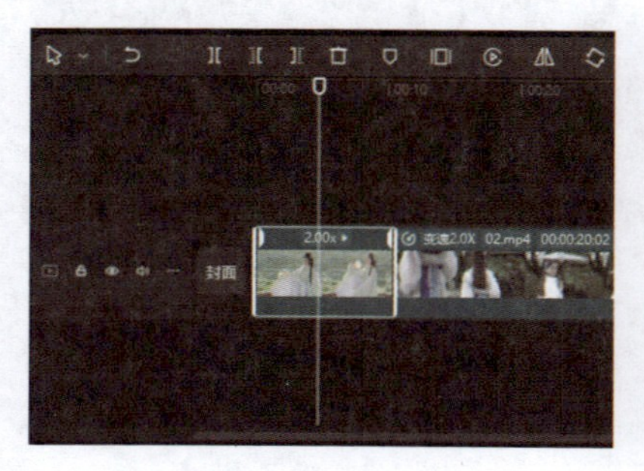

图 7-16

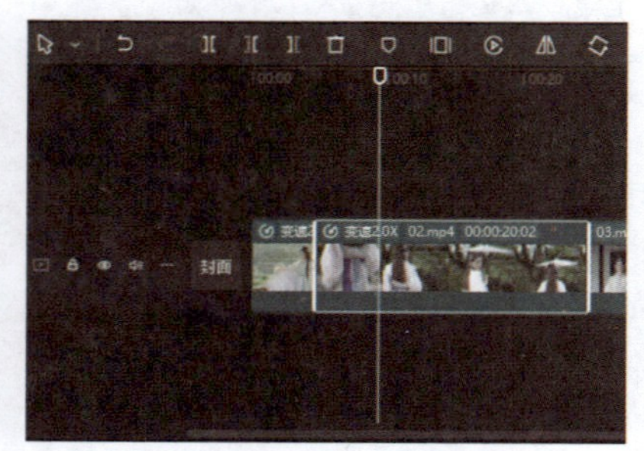

图 7-17

04 时间指示器的位置保持不变，在选中素材02的状态下，单击工具栏中的“向右裁剪”按钮，如图 7-18所示。

05 参照上述操作方法，将时间指示器移动至00:00:14:03处，使用“向右裁剪”按钮对素材03进行裁剪。将时间指示器移动至00:00:18:24处，使用“向右裁剪”按钮对素材04进行裁剪，如图 7-19所示。

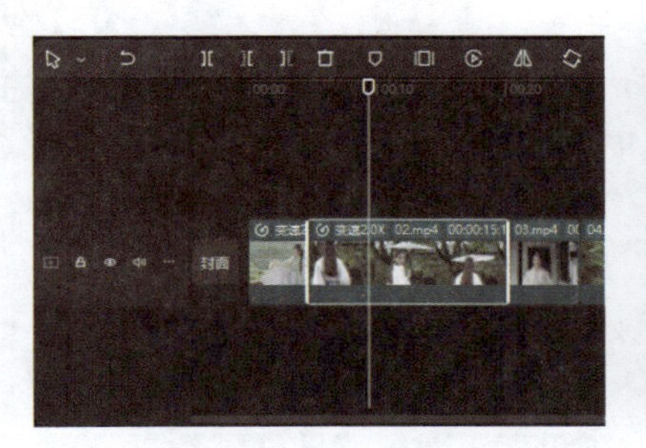

图 7-18

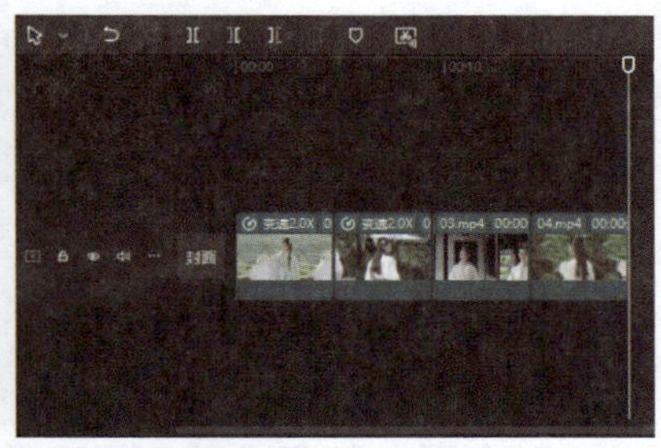

图 7-19

06 单击顶部菜单栏中的“转场”按钮，展开转场选项栏，选择“叠化”选项中的“水墨”效果，如图 7-20所示，按住鼠标左键将其拖曳至素材01和素材02的中间位置，如图 7-21所示。

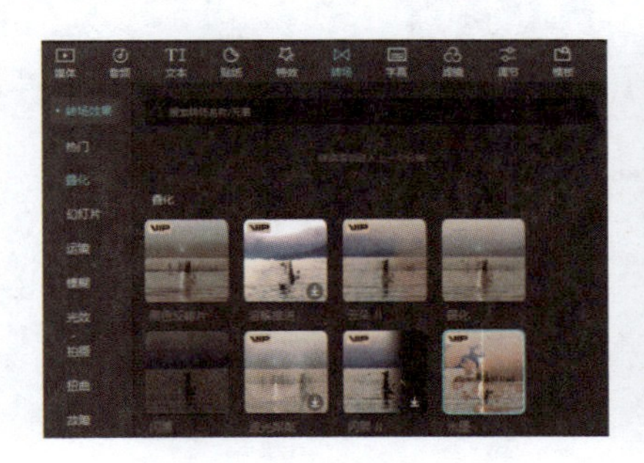
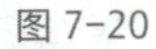

图 7-20

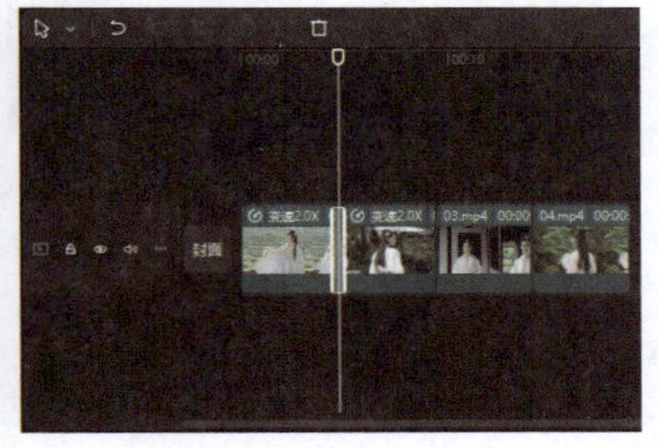

图 7-21

07 在时间线区域选中转场效果，在素材调整区域将转场时长设置为2.0s，然后单击“应用全部”按钮，如图 7-22所示。执行操作后，再在“国风”音乐选项栏中选择一首合适的音乐添加至时间线区域，如图 7-23所示。

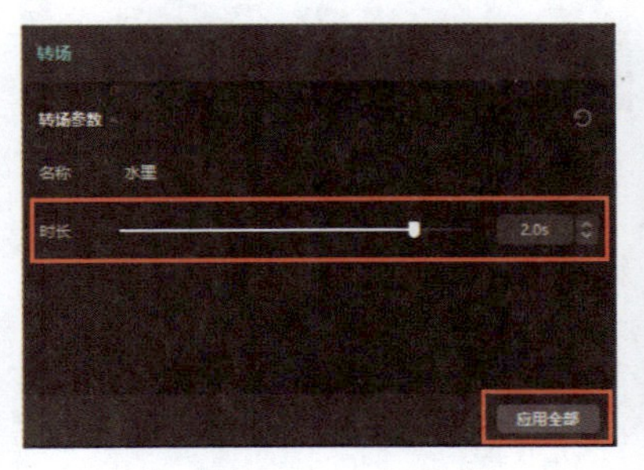

图 7-22

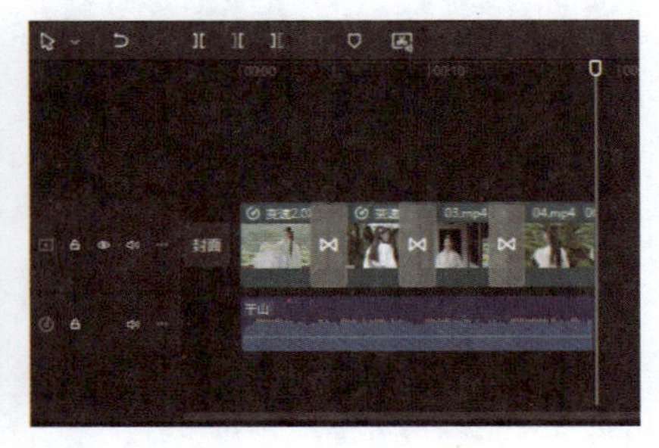

图 7-23

7.3.3 实操：添加视频特效

特效，顾名思义是指特殊的效果，通常是通过后期制作出的一些现实中一般不会出现的特殊效果。给视频添加特效不仅可以丰富画面元素，也可以营造视频整体氛围感、节奏感。在剪映中有非常丰富的特效，用户既可以给视频一键添加特效，也可以通过各种功能的组合应用制作出特效效果。本小节将讲解使用“人物特效”制作大头效果的操作方法，效果如图7-24所示。

图 7-24

01 启动剪映专业版软件，在本地素材库中导入一段视频素材，并将其拖曳至时间线区域。单击顶部菜单栏中的“特效”按钮，打开特效选项栏，在“人物特效”选项中选择“大头”效果，如图 7-25所示。按住鼠标左键，将选中的特效拖曳至时间线区域，如图 7-26所示。

图 7-25

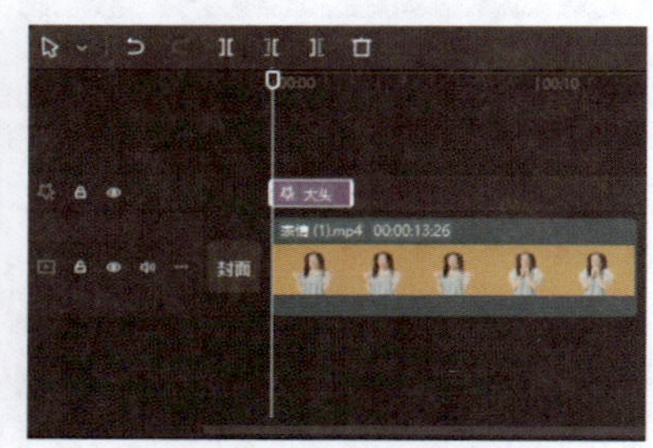

图 7-26

02 在选中特效素材的状态下，将其右侧的白色边框向右拖曳，使其长度和视频的长度保持一致，如图 7-27所示。

03 执行操作后，即可为视频素材添加大头特效，用户可以在播放器中预览视频效果，如图7-28所示。

图 7-27

图 7-28

7.3.4 实操：制作合成效果

“画中画”，顾名思义就是使画面中再次出现一个画面，通过“画中画”功能可以让一个视频在画面中出现多个不同的画面，这是该功能最直接的利用方式。但“画中画”功能更重要的作用在于可以形成多条轨道，利用多条轨道，再结合“蒙版”功能，就可以控制画面局部的显示效果，所以，“画中画”与“蒙版”功能往往是同时使用的。下面将通过实操的方式讲解使用“画中画”和“蒙版”制作分屏显示效果的操作方法，效果如图7-29所示。

图 7-29

01 启动剪映专业版，在剪辑项目中导入一段视频素材并添加至时间线区域，如图 7-30 所示，选中素材，在按住 Alt 键的同时，按住鼠标左键将素材向上拖曳，在时间线区域将素材复制两份到画中画轨道，如图 7-31 所示。

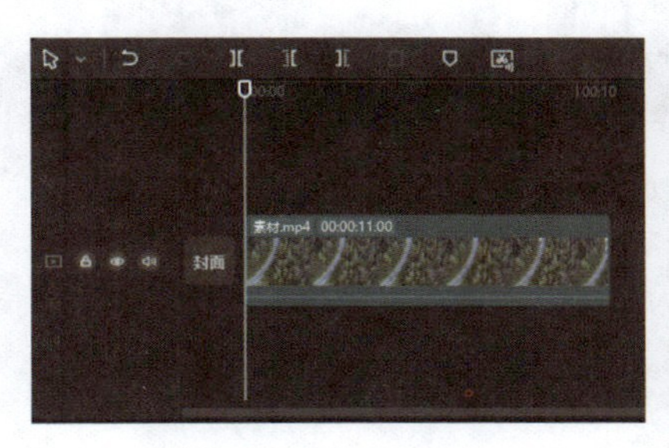

图 7-30

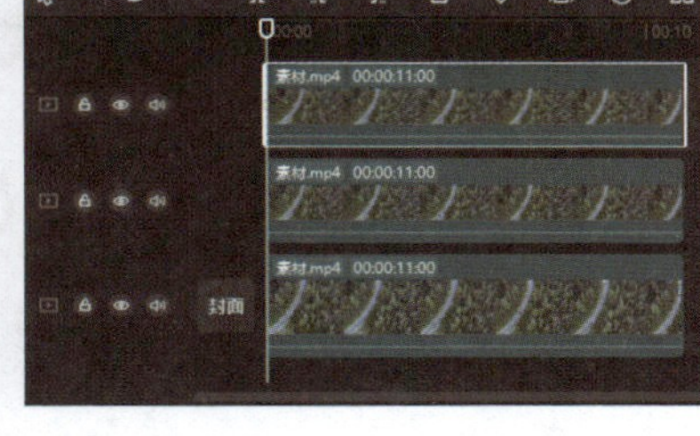

图 7-31

02 在时间线区域选中第 1 段素材，在素材调整区域展开“背景填充”选项的下拉列表，选择“颜色”选项，如图 7-32 所示，在打开的“颜色”选项栏中选择白色，如图 7-33 所示。

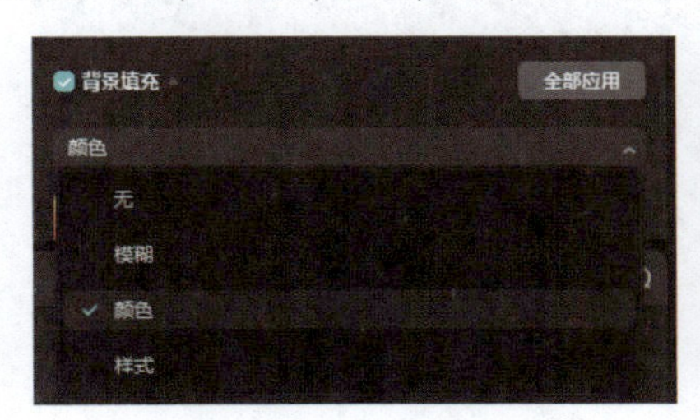

图 7-32

图 7-33

03 在选中第 1 段素材的状态下，在素材调整区域点击切换至“蒙版”选项栏，选择“镜面”蒙版，在播放器的显示区域调整蒙版的大小和位置，将其置于画面的下三分之一的位置，如图 7-34 所示。

04 在时间线区域选中第 2 段素材，在“蒙版”选项栏中选择“镜面”蒙版，在播放器的显示区域调整蒙版的大小和位置，将其置于画面的中间位置，如图 7-35 所示。

图 7-34

图 7-35

05 在时间线区域选中第3段素材，在“蒙版”选项栏中选择“镜面”蒙版，在播放器的显示区域调整蒙版的大小和位置，将其置于画面的上三分之一的位置，如图 7-36 所示。

06 在时间线区域选中第1段素材，在素材调整区域单击切换至动画选项栏，在“入场”选项中，选择“向下甩入”效果，并将动画时长设置为1.2s，如图 7-37 所示。

图 7-36

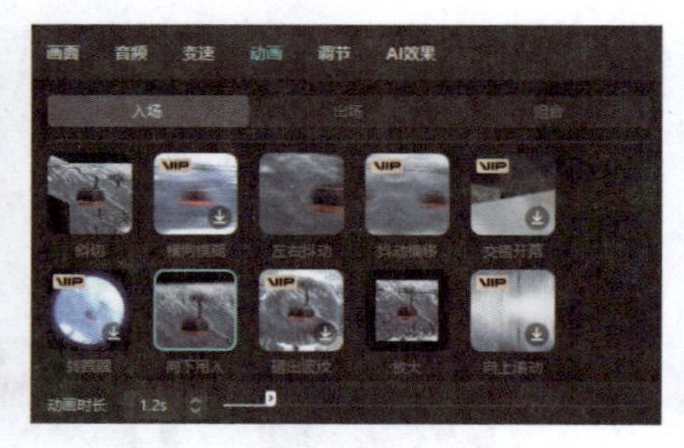

图 7-37

07 参照步骤**06**的操作方法为第2段素材添加1.2s的“向下甩入”入场动画，并在时间线区域对素材02进行剪辑，使其起始位置和第1段素材入场动画结束的位置对齐，如图 7-38 所示。为第3段素材添加1.2s的“向下甩入”入场动画，使其起始位置和第2段素材入场动画结束的位置对齐，如图 7-39 所示。

08 完成所有操作后，再为视频添加一首合适的音乐，即可单击界面右上角的“导出”按钮，将视频导出至指定位置。

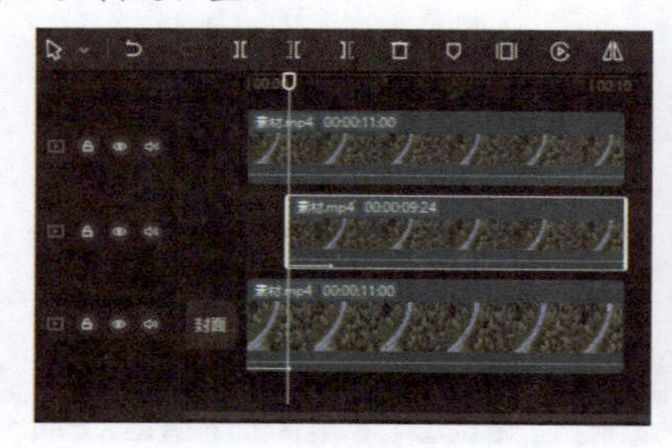

图 7-38

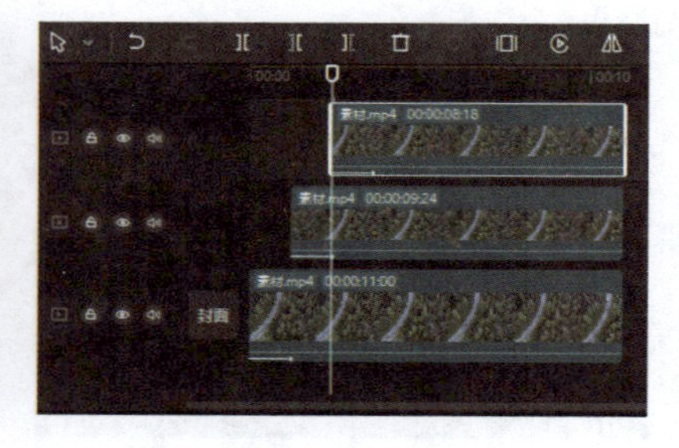

图 7-39

提示： 分屏本义是指采用分屏分配器驱动多个显示器，从而使多个屏幕显示相同的画面，就如同VC界面编程中的动态拆分效果。

7.3.5 实操：短视频字幕设计

用户在刷抖音时，常常可以看见一些极具创意的字幕效果，比如文字消散效果、片头镂空文字等，这些创意字幕可以非常有效地吸引用户眼球，引发用户关注和点赞。本小节将介绍粒子文字消散效果的制作方法，效果如图 7-40 所示。

图 7-40

01 启动剪映专业版，在剪辑项目中导入一段视频素材和一段粒子素材，并添加至时间线区域。单击顶部菜单栏中的“文本”按钮**TI**，展开文本选项栏，选择“新建文本”选项中的“默认文本”，如图 7-41 所示，按住鼠标左键，将其拖曳至时间线区域，如图 7-42 所示。

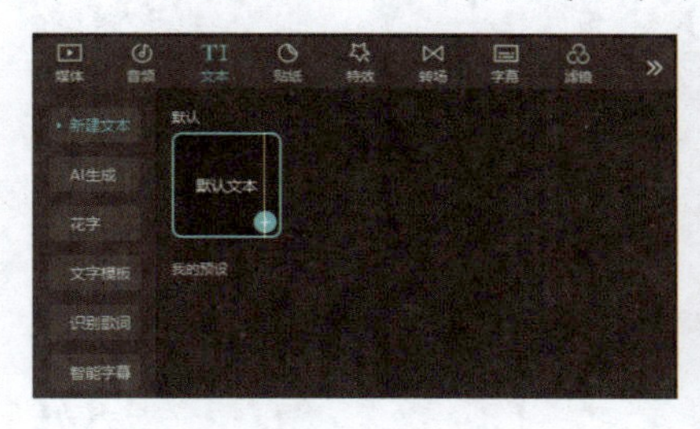

图 7-41

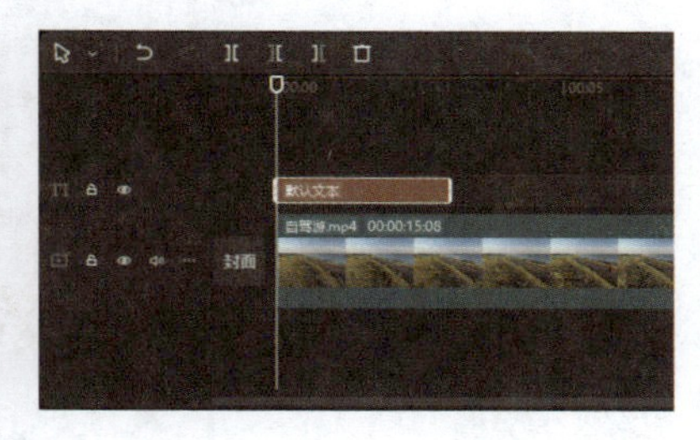

图 7-42

02 在选中文字素材的状态下，在素材调整区域的文本框中输入“Travel vlog”，并将字体设置为“Sunset”，将字号的数值设置为 20，将样式设置为“粗体”，将字间距数值设置为 2，如图 7-43 所示。

图 7-43

03 在选中文字素材的状态下，在素材调整区域单击切换至“动画”选项栏，在“出场”选项中选择“向右擦除”效果，并将“动画时长”设置为 2.0s，如图 7-44 所示。

04 将粒子视频素材添加至时间线区域，置于文字素材的上方，并使其起始位置和出场动画的起始位置对齐，如图 7-45 所示。

图 7-44

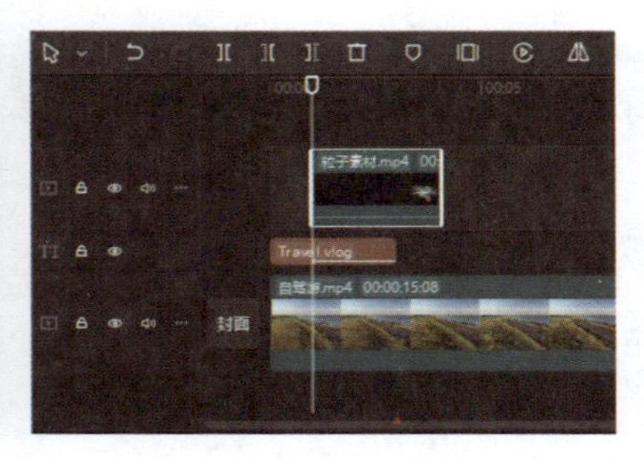

图 7-45

05 选中粒子素材，在素材调整区将“混合模式”设置为“滤色”。执行操作后，在播放器的显示区域调整粒子素材的大小和位置，使其将文字覆盖，如图 7-46 所示。

图 7-46

06 执行操作后，再在“旅行”音乐选项栏中选择一首合适的音乐添加至时间线区域，如图 7-47 所示。

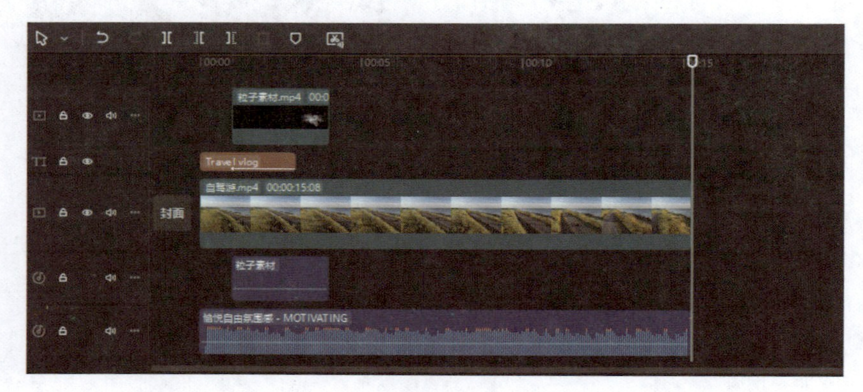

图 7-47

7.3.6 实操：制作视频抠像效果

抠像是后期处理中常用的一种技巧，具体是指将图片或视频中的某一部分分离出来保存为单独的图层。这些单独的图层可以与另一图层组合，从而实现玄幻、酷炫的效果。无论是电脑版剪映，还是手机版剪映，抠像功能都有 3 种，分别是色度抠图、自定义抠像和智能抠像，这 3 种抠像功能被统一归类于“抠像”选项中。本小节将讲解使用“抠像”功能制作人物定格出场效果的操作方法，效果如图 7-48 所示。

图 7-48

01 启动剪映专业版，在剪辑项目中导入一段视频素材并添加至时间线区域，将时间指示器移动至需要进行定格的位置，单击工具栏中的“定格”按钮，如图 7-49 所示。执行操作后，时间线区域即可生成一段时长为3秒的定格片段，如图 7-50 所示。

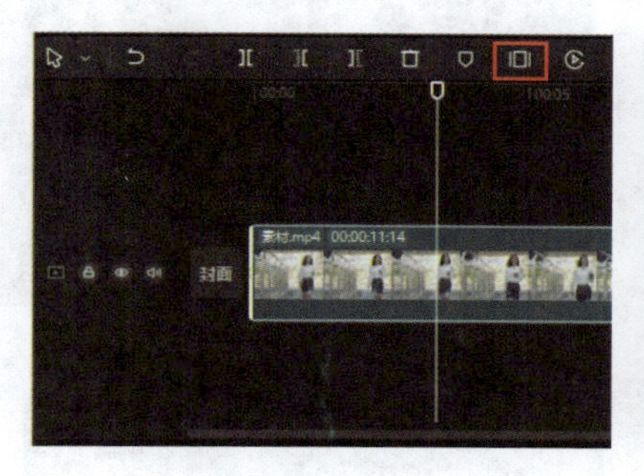

图 7-49

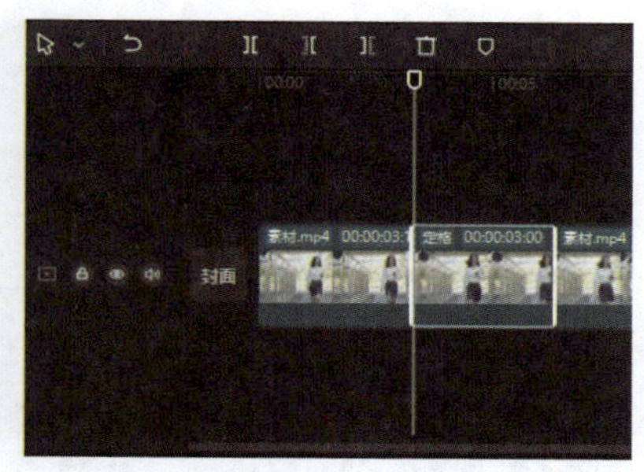

图 7-50

02 选中定格片段后面多余的素材片段，单击“删除”按钮，如图 7-51 所示。执行操作后，即可将多余的素材片段删除。

03 选中定格片段，单击鼠标右键，在界面浮现的对话框中选择“复制”选项，将复制的素材粘贴至画中画轨道，并将其移动至定格片段的上方，如图 7-52 所示。

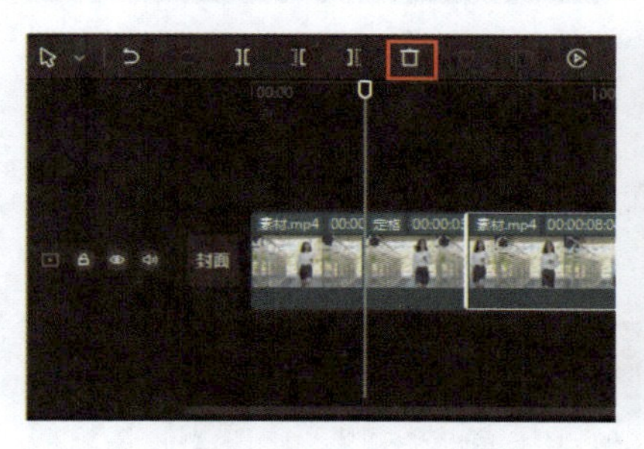

图 7-51

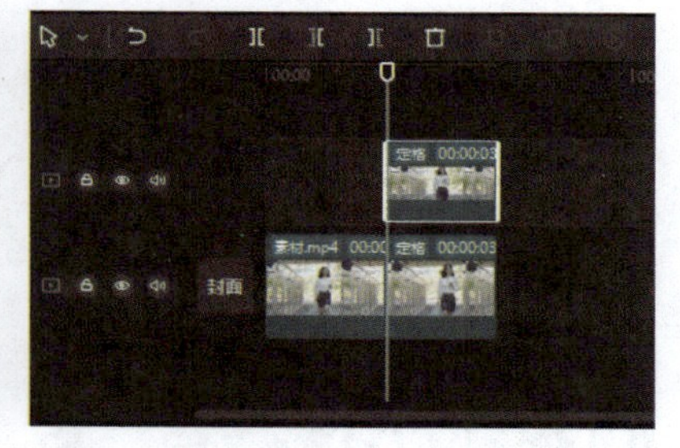

图 7-52

04 选择画中画素材，在素材调整区域单击切换至“抠像”选项，在抠像功能区中勾选“智能抠像”复选框，如图 7-53 所示。

05 单击顶部菜单栏中的“滤镜”按钮，在“黑白”选项中选择“赫本”滤镜，如图 7-54 所示，按住鼠标左键，将其拖曳至定格片段上。

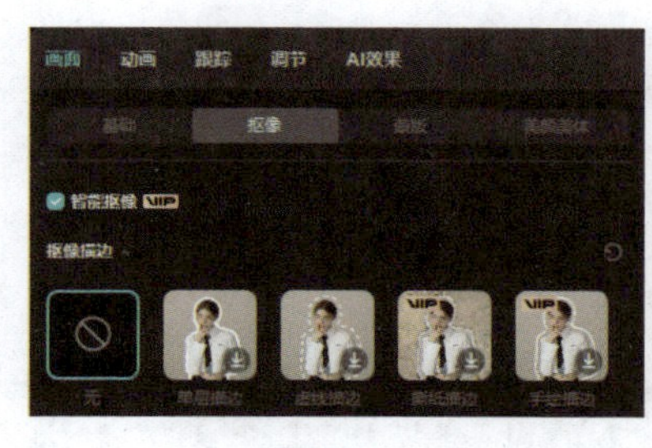

图 7-53

图 7-54

06 单击顶部菜单栏中的“特效”按钮，在“热门”选项中选择“动感模糊”特效，如图 7-55 所示，按住鼠标左键，将其拖曳至定格片段上。

07 选中画中画素材，将时间指示器定位至素材的起始位置，在素材调整区域单击“缩放”选项旁边的按钮◇，为视频添加一个关键帧，如图 7-56 所示。

08 将时间指示器移动至00:00:05:00处，在素材调整区域将缩放数值设置为115%，此时剪映会自动在时间指示器所在位置再创建一个关键帧，如图 7-57 所示。

图 7-55

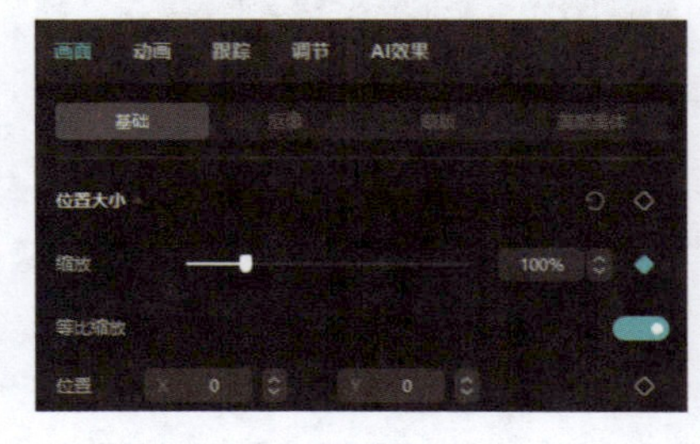

图 7-56

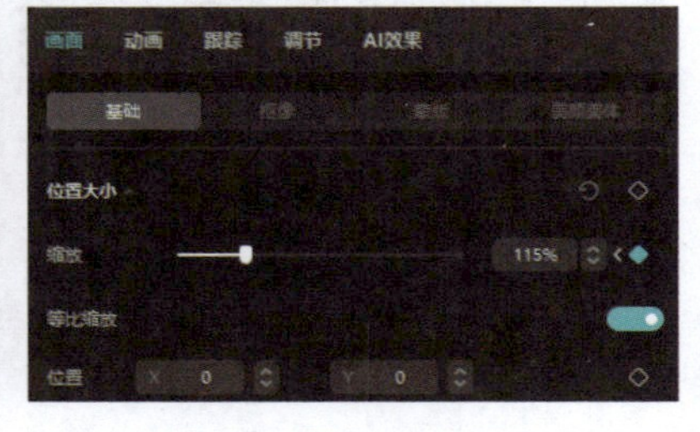

图 7-57

09 在“特效”选项栏中，选择“光”选项中的“边缘发光”特效，如图 7-58 所示，按住鼠标左键，将其拖曳至画中画素材上。

10 选中主视频轨道中的定格片段，在素材调整区域拖动“不透明度”滑块，将数值调整为50%，如图 7-59 所示。

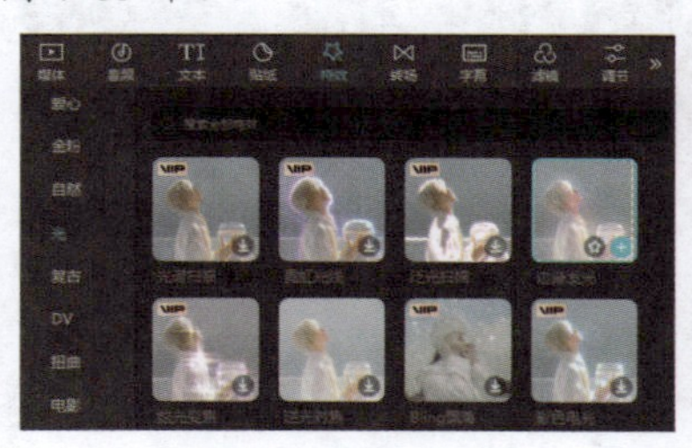

图 7-58

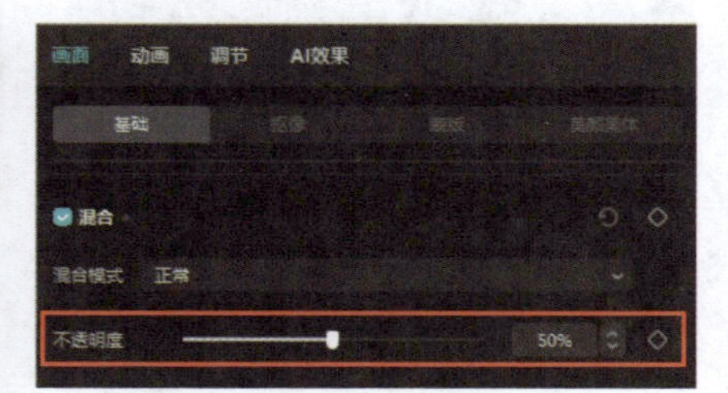

图 7-59

11 将时间指示器移动至画中画素材的起始位置，单击“文本”按钮TI，展开“新建文本”选项，选择“默认文本”，如图 7-60 所示。按住鼠标左键将其拖曳至时间线区域，置于画中画素材的上方，如图 7-61 所示。

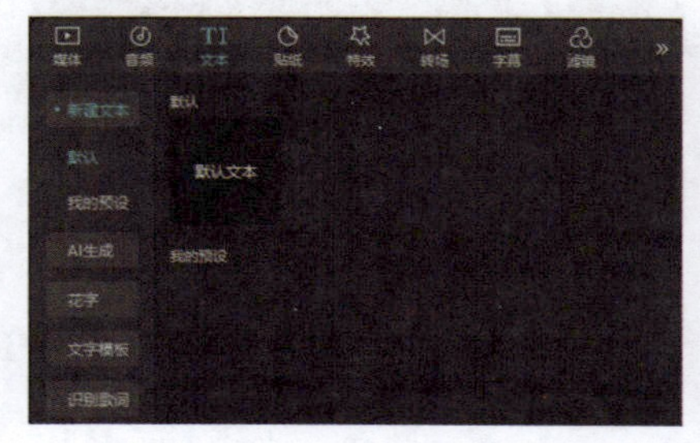

图 7-60

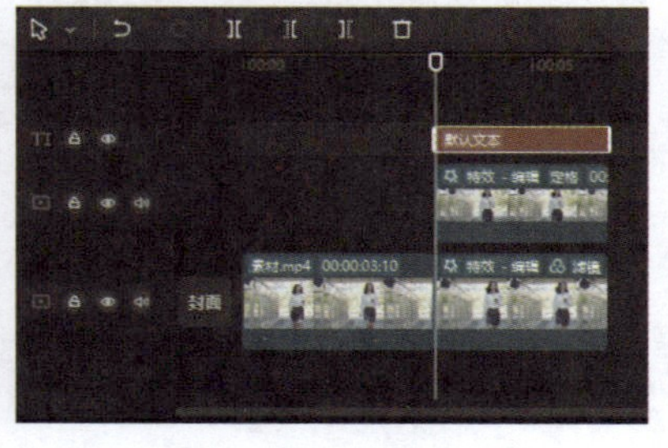

图 7-61

12 选中文字素材，在文本选项栏中将字体设置为“日文情书”，并在“预设样式”选项中选择一款合适的文本样式，在播放器的显示区域将文字素材调整至合适的大小和位置，如图 7-62 所示。

13 完成所有操作后，再为视频添加一首合适的音乐，即可单击界面右上角的“导出”按钮，将视频导出至指定位置。

图 7-62

7.3.7 实操：制作音乐卡点视频

卡点相册，顾名思义，就是让照片根据音乐的节拍点进行规律的切换。这种视频制作简单但却极具动感，在短视频平台极为常见。下面将通过实操的方式讲解在剪映专业版中制作动感卡点相册的操作方法，视频效果如图 7-63 所示。

图 7-63

01 启动剪映专业版，在本地素材库中导入14张图像素材，并将其依次添加至时间线面板，如图 7-64 所示。

图 7-64

02 在时间线面板中选中素材03，在播放器的显示区域可以看到它并未铺满画面，如图 7-65 所示。在素材调整区域将“缩放”数值设置为120%，如图 7-66 所示，执行操作后，即可将画面放大。

03 参照步骤**02**的操作方法，设置好素材04、素材11、素材14的“缩放”数值。

图 7-65

图 7-66

04 在顶部工具栏中单击“音频”按钮，打开音频功能区，单击其中的“音乐素材”展开音乐列表，在“卡点”选项中选择图 7-67 中所示的音乐，并将其添加至时间线面板中，如图 7-68 所示。

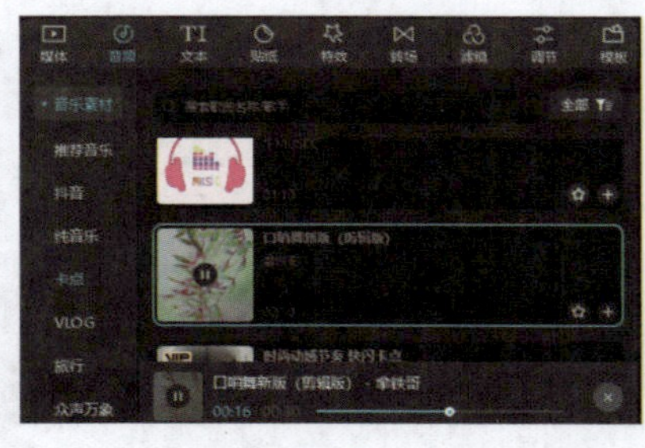

图 7-67

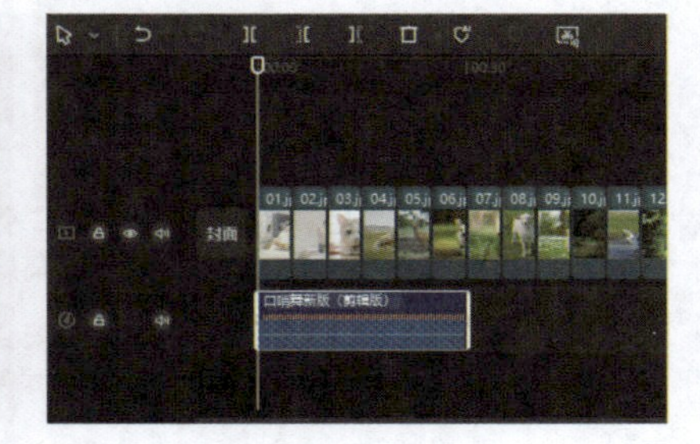

图 7-68

05 选中音乐素材，在工具栏中单击“添加音乐节拍标记”按钮，在弹出的浮窗中选择“踩节拍Ⅱ”选项，执行操作后，剪映将自动在音乐素材上添加节拍标记，如图 7-69 所示。

06 将时间指示器移动至第一个标记点处，选中素材01，在工具栏中单击“向右裁剪”按钮，如图 7-70 所示。执行操作后，即可在时间指示器所在位置对素材进行分割，并自动将分割出来的后半段素材删除，如图 7-71 所示。

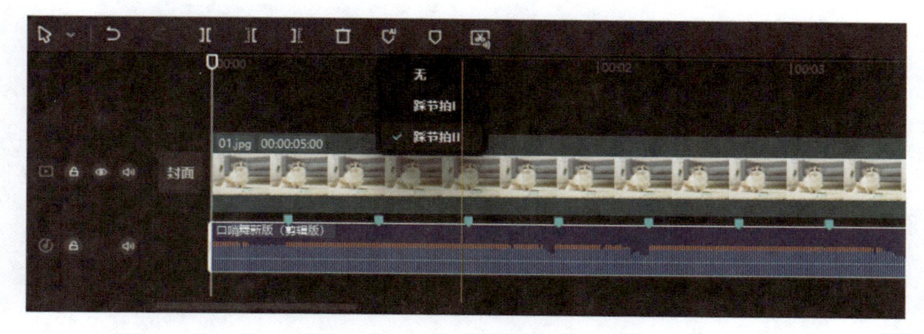

图 7-69

图 7-70

图 7-71

07 参照步骤06的操作方法，根据标记点对余下素材进行剪辑，然后将音乐裁剪至和视频同长，如图 7-72 所示。

图 7-72

08 选中素材01，在素材调整区域单击切换至“动画”选项栏，在“入场”选项中选择“左右抖动”效果，滑动底部的“动画时长”滑块，将数值拉至最大，如图 7-73 所示。参照上述操作方法，为余下素材添加入场动画效果。

09 完成所有操作后，即可单击界面右上角的“导出”按钮，将视频导出至指定位置。

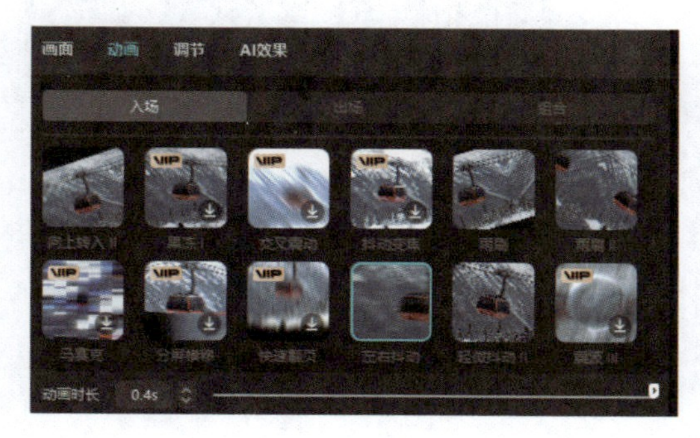

图 7-73

7.4 短视频调色

后期调色也就是对拍摄的视频进行调整，然后使视频的色彩风格一致，这是视频后期制作中的一个重要环节。但每个人调出的色调都不一样，具体的色调还得看个人的感觉，本节调色案例中的步骤和参数仅为参考，希望读者可以理解调色的思路，能够举一反三。

7.4.1 实操：视频一级调色

调色通常可以分为两级：一级调色和二级调色。一级调色就是定准，让白色是白色，黑色是黑色，也就是校色。在一级调色的过程中通常需要调整色温、亮度、对比度、饱和度等参数。本小节将以枯黄草地调色为例，讲解在剪映专业版中进行一级调色的方法，调色前后的效果如图 7-74 所示。

图 7-74

01 启动剪映专业版，在剪辑项目中导入需要进行调色的素材，并将其添加至时间线区域。选中素材，在素材调整区域单击切换至“调节”选项栏，如图 7-75 所示。

02 根据画面的实际情况，将色温、饱和度、亮度、对比度调到合适的数值，使画面变得比较清新通透，颜色更加鲜活，具体数值参考图 7-76。

图 7-75

图 7-76

03 单击切换至“HSL”面板，将画面中的橙色元素的饱和度数值调低至-90，如图 7-77 所示。

图 7-77

04 将黄色元素的色相数值设置为50，如图 7-78所示；将绿色元素的色相数值设置为50，饱和度数值设置为50，使画面中的绿色更加鲜明，如图 7-79所示。

05 完成所有操作后，再为视频添加一首合适的音乐，即可单击界面右上角的“导出”按钮，将视频导出至指定位置。

图 7-78

图 7-79

7.4.2 实操：视频二级调色

二级调色主要调整的是高光、阴影等参数，通常还可以用到滤镜来帮助做一些风格化处理。本小节将以枯黄草地调色为例，讲解在剪映专业版中进行二级调色的方法，调色前后的效果如图 7-80所示。

图 7-80

01 打开枯黄草地调色的剪辑项目，选中视频素材，打开“调节”选项栏，在一级调色的基础上，将高光、阴影、光感调到合适的数值，使画面更具氛围感，具体数值参考图 7-81。

图 7-81

02 单击顶部菜单栏中的“滤镜”按钮，展开滤镜选项栏，选择“复古胶片”选项中的“普林斯顿”效果，如图 7-82 所示，按住鼠标左键将添加至视频素材上。

03 在选中视频素材的状态下，在素材调整区域单击切换至“画面”选项栏，将滤镜强度的数值设置为 90，如图 7-83 所示。

04 完成所有操作后，再为视频添加一首合适的音乐，即可单击界面右上角的“导出”按钮，将视频导出至指定位置。

图 7-82

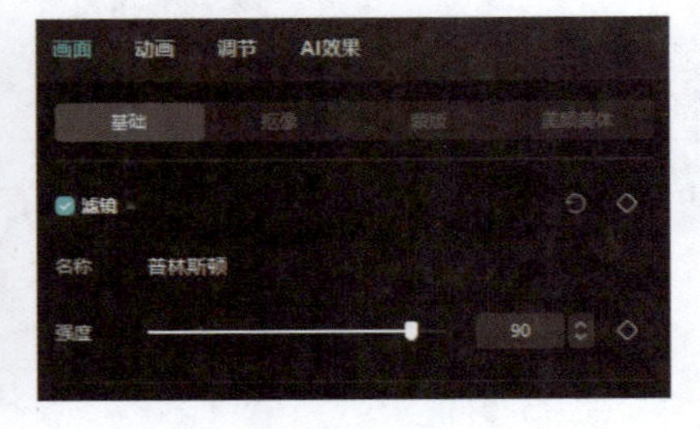

图 7-83

提示：对于未编辑完成的视频素材，剪映电脑版会自动将其保存到剪辑草稿箱中，下次在其中选择该剪辑草稿即可继续进行编辑。

7.5 声音的后期处理

一个完整的短视频，通常是由画面和音频这两个部分组成的，视频中的音频可以是视频原声、后期录制的旁白，也可以是特殊音效或背景音乐。对于视频来说，音频是不可或缺的组成部分，原本普通的视频画面，只要配上调性明确的背景音乐，就会变得更加打动人心。

7.5.1 如何为短视频配乐

在短视频剪辑的过程中，选取一个合适的背景音乐和背景音效是一件非常令人头痛的事，因为这种选择是一件很主观的事，它需要创作者根据视频的内容主旨、整体节奏来进行选择，没有固定的标准和答案。本小节将介绍一些背景音乐和音效的使用技巧。

对于短视频创作者来说，选择与视频内容关联性较强的音乐，有助于带动用户的情绪，提高用户对视频的体验感，让自己的短视频更有代入感。下面就为大家介绍一些选择短视频配乐的技巧。

1. 把握整体节奏

在短视频创作中，镜头切换的频次与音乐节奏一般是成正比的。如果短视频中的长镜头较多，那么就适合使用节奏较快的配乐。视频的节奏和音乐匹配程度越高，视频画面的效果也会越好。

为了使视频内容更契合，在添加背景音乐前，最好按照拍摄的时间顺序对视频进行简单的粗剪。在分析了视频的整体节奏之后，再根据整体感觉去寻找合适的音乐。

此外，用户也可以寻找节奏鲜明的音乐来引导剪辑思路，这样既能让剪辑有章可循，又能避免声音和画面不匹配。一段素材通过强节奏的音乐，使画面转换和节奏变化完美契合，会令整个画面充满张力。

2. 选择符合视频内容基调的音乐

如果要做搞笑类的视频，那么配乐就不能太抒情；如果要做情感类的视频，配乐就不能太欢乐。不同配乐会带给用户不同的情感体验，因此需要根据短视频想要表达的内容，来选择与视频属性相配的音乐。

在后期制作的过程中，要很清楚短视频表达的主题和想要传达的情绪，先弄清楚情绪的整体基调，才能进一步对短视频中的人、事物及画面进行背景音乐的选择。下面以常见的美食短视频、时尚类短视频和旅行类短视频为例，分别来分析不同类型短视频的配乐技巧。

- 大部分美食类短视频的特点是画面精致、内容治愈，大多会选择一些让人听起来有幸福感和悠闲感的音乐，让观众在观看视频时，产生一种享受美食的愉悦和满足感。
- 时尚类短视频的主要用户是年轻人，因此配乐大多会选择年轻人喜爱的充满时尚气息的流行音乐和摇滚音乐，这类音乐能很好地提升短视频的潮流气息。
- 旅行类短视频大多展示的是一些景色、人文和地方特色，这些短视频适合搭配一些大气、清冷的音乐。大气的音乐能让观众在看视频时产生放松的感觉，而清冷的音乐与轻音乐一样，包容性较强，音乐时而舒缓时而澎湃，是提升剪辑质量的一大帮手，能够将旅行的格调充分体现出来。

当然，用户也可以直接在剪映的音乐库中为视频选择背景音乐。剪映的音乐库中有着非常丰富的音频资源，并且将这些音频进行了十分细致的分类，如“舒缓”“轻快”“可爱”“伤感”等，用户可根据视频内容的基调，快速找到合适的背景音乐，如图 7-84 所示。

图 7-84

3. 音乐配合情节反转

我们经常会在短视频平台上看到一些故事情节前后反转明显的视频，这类视频前后的反差很能勾起观众点赞的欲望。这里为大家列举一个场景，比如说上一秒，人物身处空无一人的树林中，发现背后似乎有人跟踪自己，镜头在主人公和黑暗的场景之间快速切换，配上悬疑的背景音乐渲染紧张气氛，就在观众觉得主人公快要遇见危险的时候，悬疑的背景音乐瞬间切换为轻松搞怪的音乐，主人公发现从黑暗中窜出一只可爱的小猫咪。

通过上述例子，我们可以得知，音乐是为视频内容服务的，音乐可以配合画面进行情节的反转。反转音乐能快速建立心理预设，在短视频中灵活利用两种音乐的反差，有时候能适时地制造出期待感和幽默感。

7.5.2 巧用音效丰富视听效果

平时在看一些剪辑教学视频的时候，可以看到很多剪辑大师的时间线上都铺满了很多音效素材，那么，音效到底有哪些分类？具体又要怎么匹配和使用呢？在剪辑中，常用的音效一般分为环境音效、动作音效、转场音效和氛围音效。下面将分别为大家进行介绍。

1. 环境音效

环境音效又可以细分为场景音效和天气音效。场景音效一般是指生活中经常听到的大环境音，比如城市、森林的声音等；天气音效则是比较具象的环境音了，比如刮风、下雨、打雷等声音。

在使用音效时，通常可以插入一些长段的大环境音铺底，画面里具象的场景再加入具象的音效，这样可以使画面的声音表现力更加真实，给观众一种身临其境的感觉。

2. 动作音效

动作音效需要声音和画面本身有明确的关联，比如坐公交刷公交卡时，会听到“滴”的一声，水滴滴落会发出“咚”的声音，小鸟振翅飞过时会听到“噗噗”的声音，门打开会有“吱呀”的声音……

在后期制作的过程中，有时会特意放大一些动作的音效，比如在特写的场景，插入呼吸、心跳、汽水开盖的声音，可以让画面更真实，使观众观看的时候更有代入感。

3. 转场音效

转场音效是指一个场景切换到另一个场景的时候，用一些音效去铺垫和烘托，比如飞机呼啸而过的声音、穿梭声或者其他转场音效的声音，使用这种音效可以让画面更有质感和冲击力。

4. 氛围音效

氛围音效一般用于烘托画面想要表达的一种情绪、氛围，比如在剧情逐渐紧张、惊悚的时候插入低沉的音效。这种音效一般也是用于铺底，可以在此基础上根据画面加上具象音效，加剧情绪和氛围烘托，让人在观看的过程中能产生更多的联想和情绪共鸣。

7.5.3 人声处理：对白、独白、旁白

人声的后期处理对于对白、独白、旁白等配音来说至关重要。通过后期的处理，可以对配音中的噪音、杂音进行处理，可以使得声音更加清晰、纯净，提高音频的质量，还可以对音频进行音量的加强、动态范围的调整，使得音频更富有层次感和冲击力。下面介绍一些人声后期处理的技巧。

- ➢ 降噪：进行降噪处理可以消除配音中的背景噪音，这有助于提升音频的清晰度，在剪映中有专门的“音频降噪”功能。
- ➢ 混响（音效）：根据需要，可以添加混响效果来模拟不同的声学环境，如大厅、房间等场景，这有助于增强音频的立体感和空间感。
- ➢ 延迟、合唱、镶边等效果：对于特定的效果需求，如回音、合唱等，可以使用相应的音频效果进行处理，这些效果可以增强音频的层次感和表现力。
- ➢ 特殊处理：对于对白、独白、旁白等不同类型的配音，可能需要进行特殊处理以符合剧情和角色的需要。例如，对于紧张的剧情，可以使用更紧凑的音频处理方式来增强紧张感；对于轻松的剧情，则可以使用更柔和的音频处理方式。
- ➢ 音量标准化：对整个音频进行音量标准化处理，以确保其在不同设备和环境下的播放音量一致。

在剪映中，内置了很多音频效果和音频处理功能，用户只需在时间线区域选中音频素材，即可在素材调整区域的“基础”选项栏中看见“响度统一”“人声美化”“音频降噪”等功能，如图7-85所示，单击切换“声音效果”即可看到剪映提供的几十种效果选项，如图7-86所示。

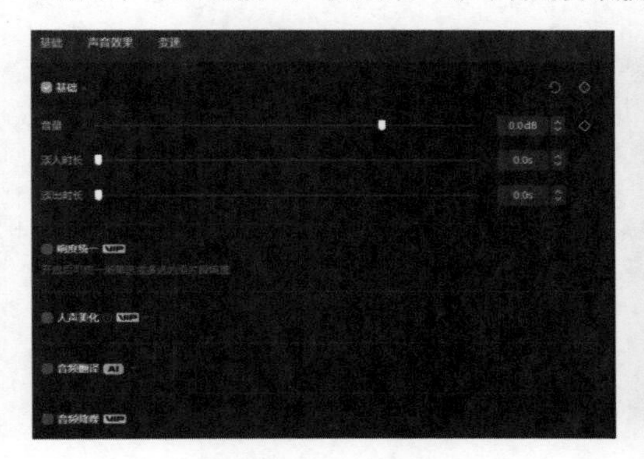

图7-85

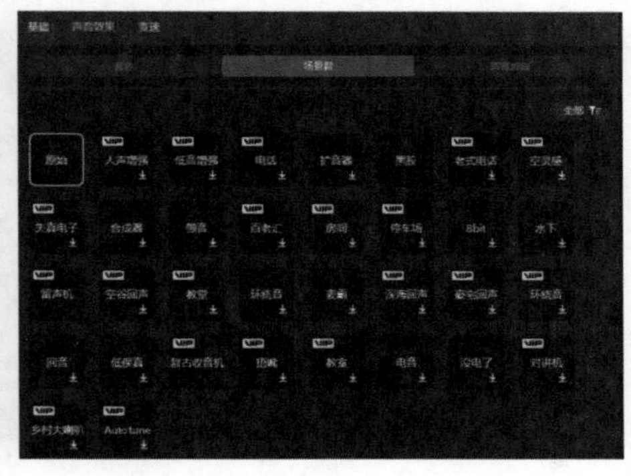

图7-86

第8章

拍摄前的准备工作

除了一些需要现场实录的视频外，大部分的短视频拍摄都需要提前做好准备工作，包括视频内容与脚本的策划、服化道的准备、查找并查看拍摄场景等。而且，任何拍摄项目都会涉及相关费用的支出，因此做好拍摄预算，合理控制拍摄成本，也是非常重要的一项工作。

8

8.1　找到自己的拍摄风格

很多人在开拍之前都会感到困惑：到底要拍什么样子的短视频？怎么拍？别人是怎么拍出这么好看的短视频的呢？下面将介绍几种常见的短视频风格，希望能帮助读者快速找到自己喜欢的短视频风格。

8.1.1　复古风格

近几年复古风格又开始流行，创作一部复古的动态影像作品，就好像经历了一次短暂的沉浸式穿越。复古是一种元素，也是一种态度。按地域或者年代细分，复古可以衍生出诸多类型。比较常见的有法式复古、日式复古、港风复古等，如图 8-1 所示。

图 8-1

还可以根据拍摄器材或者格式来区分短视频风格，如VHS 格式与8毫米格式VHS（Video Home System，家用录像系统，是由日本 JVC 公司于1976年开发的一种家用录像机录制和播放格式）。虽然VHS的官方翻译是家用录像系统，但是最初 VHS 是 Vertical Helical Scan（垂直螺旋扫描）的意思，它采用了磁头磁带垂直扫描技术。仿VHS 风格如图 8-2 所示。

图 8-2

8毫米格式源于日本视频产品制造厂家联合开发的一种摄像机高质量视频格式，该格式采用金属带，带盒十分小巧，因此对应的摄像机也可做得很小。但由于当时小型摄像机已普遍采用VHS格式，因此8毫米格式的推出并未受到日本摄像机制造厂家的重视。与此同时，8毫米这一名称由于正好符合美国柯达公司更新超8家庭电影胶卷（即超8毫米胶片，它的用户定位是家庭用户）的思路，于是该公司率先推出了采用8毫米格式的便携式摄像机，柯达公司此举在日本卷起一股风暴。第二年，索尼公司推出了一款手持式摄像机，加入8毫米格式的竞争。8毫米与VHS竞争的结果是双方势均力敌。仿8毫米风格拍摄的照片如图8-3所示。

图8-3

8.1.2 文艺风格

文艺风格的短视频和文艺类的电影不同。短视频由于短小，因此通常难以呈现完整的故事，文艺感则更多地体现在画面的风格上。文艺风格的短视频节奏通常比较慢，更偏向于传递人物情绪，表达方式多为平静的、稳定的，不会有激烈的呈现方式，如图8-4所示。

图8-4

很多时候，文艺风格的短视频都在呈现一种生活方式或一种思考状态，如图8-5所示，经常与唯美、浪漫、安静、清新、细腻、温馨、平静、向往、思考、回味等词语联系在一起。

图 8-5

8.1.3　故事风格

故事片是通过影像和声音进行叙事的作品。凡是由演员扮演角色，具有一定故事情节，表达一定主题思想的影片都可称为故事片。故事片按题材、风格和样式等可分为警匪片、喜剧片、动作片、惊险片、科幻片、歌舞片、哲理片等。在短视频领域，故事风格的短视频更像是浓缩版的微电影。在短短的几分钟、十几分钟内讲完一个故事很不容易。

要拍好一个故事短视频，需要兼具很多技能，相关要求也会更高。如果喜欢这类风格的短视频，可以在积累足够的知识和经验后加以尝试。有故事的画面如图 8-6 所示。

图 8-6

8.1.4　快剪风格

这类短视频的制作重心在后期剪辑，前期主要是积累素材。虽然这类视频很多时候都没有台词或演员，但它对摄影师运镜的技术有一定要求。为了让短视频更吸引人，拍摄时切忌以固定机位为主，应该多采用平移、推进、旋转、升格、延时等拍摄手法。在积累了一定量的优秀素材后，就可以进行后期剪辑了。

想要做出一条优秀的快剪风格的短视频，需要在视觉上先吸引观众的注意，这就涉及后期剪辑中的一个重要技巧——无技巧转场。比较常用的两个技巧是遮挡转场和匹配转场。

1. 遮挡转场

遮挡转场指的是两个镜头通过被遮挡的画面相连接，通常以画面被挡黑的形式出现，在即将完成一个镜头的拍摄时，用一些物体将镜头挡住，获得遮挡画面。以同样的遮挡画面作为下一个镜头的开场画面，将这两个镜头组接在一起，即可获得流畅的转场效果。除了直接将镜头挡黑以外，还可以用玻璃遮挡制作模糊效果，或者配合运镜将墙壁、横梁、门框等作为遮挡物实现场景转换，如图 8-7 所示。

图 8-7

2. 匹配转场

匹配转场分为镜头匹配和声音匹配两种。镜头匹配是使用相似的镜头角度、焦距或运动来创造连贯性。例如，一个镜头从一个房间的窗户向外拍摄，然后转场到室外的景色。这两个场景可以使用相似的镜头角度和运动来匹配，使观众感觉像是从一个场景无缝过渡到另一个场景，如图 8-8 所示。

而声音匹配则是通过声音提示的方式进行转场，比如在前一个镜头中响起了钢琴弹奏的声音，下个镜头就出现有人弹奏钢琴的画面，这样的转场符合观众的心理预期，能够使画面实现平滑过渡。

图 8-8

提示： 无技巧转场是指使镜头之间自然过渡，也就是“硬切”，强调视觉上的流畅和逻辑上的连贯。无技巧转场对于拍摄素材的要求较高，并不是任何两个镜头之间都适合使用此种方式进行转场。如果要使用无技巧转场，需要注意寻找合理的转换因素。

8.2 前期准备工作

如果短视频策划是指对短视频创作的初步规划和设计，那么短视频拍摄筹备则是指落实短视频策划的内容，为短视频拍摄做好准备，主要涉及准备摄影摄像器材、辅助器材、场景和道具，以及确定导演和演员、预算等，下面分别介绍。

8.2.1 写脚本

短视频脚本通常分为提纲脚本、分镜头脚本和文学脚本，不同脚本适用于不同类型的短视频内容。分镜头适用于有剧情且故事性强的短视频，脚本中的内容丰富而细致，需要投入较多的精力和时间。而提纲脚本和文学脚本则更有个性，对创作的限制不多，能够给摄像留下更大的发挥空间，更适合短视频新手。下面就先介绍提纲脚本和文学脚本。

1. 提纲脚本

提纲脚本涵盖短视频内容的各个拍摄要点，通常包括对主题、视角、题材形式、风格、画面和节奏的阐述。提纲脚本对拍摄只能起到一定的提示作用，适用于一些不容易提前掌握或预测的内容。在当下主流的短视频中，新闻类、旅行类短视频就经常使用提纲脚本。需要注意的是，提纲脚本一般不限制制作团队的工作，可让摄像有较大的发挥空间，对剪辑的指导作用较小。表 8-1 所示为一条旅行类短视频的提纲脚本。

表 8-1

提纲要点	要点内容
主题	短视频的主题是展示西藏的美丽风景
交通出行	（1）火车沿途风景 （2）火车出站过程 （3）前往酒店的沿途风景 （手持运镜为主，包括全景、远景、使用无人机航拍）
住宿环境	（1）酒店周边环境和大门 （2）酒店内部环境和装饰品特写
游玩活动一（骑马）	（1）草原的风景 （2）骑马（和马互动、骑马第一视角、和伙伴互动） （3）马术表演
游玩活动二（景点打卡）	（1）景点风光（布达拉宫、羊湖） （2）美食（特色美食、特色饮品、制作过程/历史） （3）特色店铺（店铺门面、店内陈设、特色产品）

2. 文学脚本

文学脚本中通常只需要写明短视频中的主角需要做的事情或任务、所说的台词和整条短视频的时间长短等。文学脚本类似于电影剧本，以故事开始、发展和结尾为叙述线索。简单来说，文学脚本需要表述清楚故事的人物、事件、地点等。

文学脚本是一个故事的梗概，可以为导演、演员提供帮助，但对摄像和剪辑的工作没有多大的参考价值。常见的教学、评测和营销类短视频就经常采用文学脚本，很多个人短视频创作者和中小型短视频团队为了节约创作时间和资金，也都会采用文学脚本。表 8-2 所示是一条用于电商产品营销的剧情短视频的文学脚本。

表 8-2

脚本要点	要点内容
标题	
演员	两名女性
时长	45 秒
场景 1：洗漱台	女生甲戴着耳机、穿着休闲家居服、素面朝天，一边对着镜子观察自己的痘痘一边和闺蜜吐槽 女生甲：那个客户真的是气死我了？就一个几十秒的视频，改了二十多次了，我每天都熬夜熬到凌晨两三点，黑眼圈重得要死，痘痘都冒出来了，最后好不容易定下了，他刚刚又打电话过来，说要把背景音乐换了，真的是气死我了，我今天必须跟你好好吐槽一下
场景 2：门口	一个穿着知性风连衣裙、细跟高跟鞋，面容姣好的女生握着门把手正准备开门 女生乙：好了，冷静一点，我已经到了
场景 3：客厅	女生乙进门走向洗手台，女生甲转头看向女生乙，满脸惊讶 女生甲：哇！你这状态可以啊，你不是说你最近也天天熬夜吗 女生乙（靠在门口，慵懒地笑着抱怨）：是啊，上周也天天熬夜，痘痘全冒出来了 女生甲：那你这痘痘消得够快呀（凑近看女生乙） 女生乙：那是因为我发现了一个祛痘神器 女生乙打开手机，屏幕上是一个祛痘凝露的推广视频 女生乙：就是这个，它是和面膜搭配一起用的，祛痘凝露里面有水解海绵，可以增加后续护肤品的吸收效率，它那个面膜加了复配的祛痘因子和双重的植萃成分，先涂凝露再敷面膜，效果真的非常好 女生甲：真这么有用，那我也得试试 女生乙：行啊，我早就想推荐给你了。点击视频左下角的链接，领取五折优惠券，在评论区还可以领取专属的粉丝福利，有了这个，就再也不怕冒痘了

8.2.2 选择拍摄场地

古风视频的拍摄场地分为内景和外景，相关内容在第 5 章中有详细介绍。而在拍摄前的准备阶段，创作者需要做的是对场景进行筛选以及尽可能地进行踩点工作，确保场景的风格、气质、色彩等元素要与拍摄主题协调统一。下面将介绍短视频中经常使用的日常生活场景和工作、学习、交通场景，以及每个场景适用的短视频主题。

1. 日常生活场景

短视频中常见的日常生活场景包括居家住所、宿舍、健身房、舞蹈室和室外运动场地等。

- 居家住所：以居家住所作为场景拍摄的短视频，内容涉及亲情、爱情、友情和与宠物之间的感情，甚至是一个人独处的情感。这种场景布景方便，通常只要干净明亮即可。而且，在不同房间场景中拍摄所表达的内容可以不同。
- 宿舍：宿舍场景中拍摄的内容主要是主角与室友的生活，例如唱歌、搞怪表演、正能量互动等，展现同学间的友谊，以及个人才艺等，如图8-9所示。这种场景的短视频能使学生群体或初入职场的年轻人产生较强的代入感，适合植入定位为年轻人的产品。

图 8-9

- 健身房：以健身房为场景拍摄的短视频内容主要集在人物角色互动及舞蹈表演、教学上，很多热门的舞蹈（如海草舞等）最初都是在舞蹈室中拍摄的。
- 室外运动场地：在室外的运动场景中拍摄的短视频由于视野较为开阔，能够容纳很大的信息量，内容主要集中表现强对抗运动或高难度运动挑战，以及运动会集体跳操或舞蹈、接力赛等。

2. 工作、学习及交通场景

短视频中常见的工作、学习及交通场景包括办公室、课堂、专业工种工作场所和公共交通出行等。

- 办公室：以办公室作为短视频的拍摄场景，可以给参加工作的用户以很强的代入感。办公室场景的短视频内容包括表现职场关系的各种剧情故事、办公室娱乐和职场技能教学等。在办公室场景的短视频中，适合植入白领们常用的化妆品、办公用具和电子用品等，如图 8-10所示。

图 8-10

- 课堂：以课堂为场景的短视频主要针对在校学生群体，内容主要涉及友情、同学情和师生情。目前利用该场景创作短视频的创作者多为年轻的学校教师，其通过拍摄短视频来展示学校的日常生活，或展现一些有趣的场面。
- 专业工种工作场所：以专业工种工作场所为场景的短视频主要是展现该职业的工作内容，让用户能够身临其境地感受不同的工作氛围，例如快递员的日常送货工作、播音员的新闻播音工作和二手车商收购汽车的流程等。

➢ 公共交通出行：公交、地铁等公共交通出行场景与大多数用户的日常出行密切相关，所以也是短视频内容创作的主要场景之一。这类场景的主要内容是与陌生人的互动或路边趣闻，以及街头艺人的表演等。

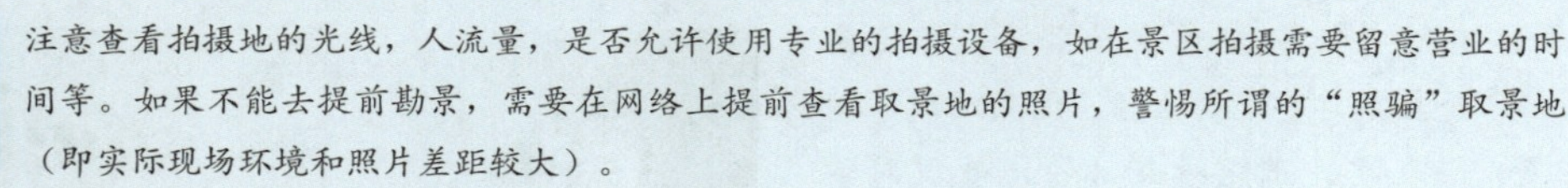

提示： 如果条件允许，在拍摄前尽可能进行实地踩点，也就是所谓的“堪景”工作。比如在现场踩点时，注意查看拍摄地的光线，人流量，是否允许使用专业的拍摄设备，如在景区拍摄需要留意营业的时间等。如果不能去提前勘景，需要在网络上提前查看取景地的照片，警惕所谓的“照骗”取景地（即实际现场环境和照片差距较大）。

8.2.3 准备服化道

短视频中的服装可以通过购买和租赁两种渠道获得，随着电商行业的发展，用户可以在购物网站上搜索到各种各样的服饰。如若服装的利用率不高，创作者也可以通过租赁的方式，在各大购物平台上有很多专门提供服装租赁的商家和个人，只要利用关键词和拍图功能就可以搜索到自己想要的服装。另外，在一些摄影工作室、体验馆、摄影棚等线下实体店中也会提供服装的租赁服务，这些商家信息一般在各大平台上都可以搜索到。

在为演员化妆时，可以邀请有经验的化妆师，这样能够保证视频中人物的造型质量，减轻拍摄人员的工作压力，如图8-11所示。当然，有些创作者也喜欢自己给演员进行妆造，因为自己更加清楚想要什么样的造型，不过，这需要创作者有一定的妆造技术。大部分时候，还是建议邀请专业的化妆师来帮助演员进行妆造。

图 8-11

化妆师提供的服务一般包括：整体造型设计、演员化妆、发型梳妆、首饰搭配等。尽管成熟的化妆师可以提供造型设计方案，但是，创作者必须要有自己的想法，也就是要有一定的导演思维。因为造型和服装一样，是人物形象呈现的一个重要组成部分，作为短视频的创作者，无论是导演还是摄影师，都需要提前在脑海里对视频中的人物形象进行设计。造型的灵感来源很多，比如影视剧、漫画、插画、其他优秀的造型师的作品……创作者可以事先把喜欢的造型截图保存到手机或电脑里，以便在拍摄前和化妆师沟通需求，如图8-12所示。

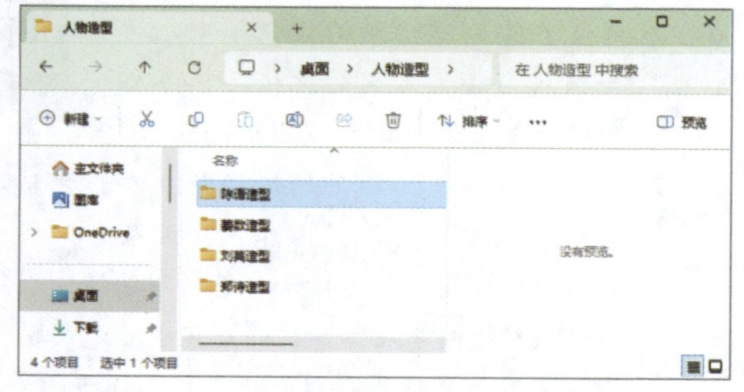

图 8-12

短视频拍摄中的道具种类繁多，挑选起来令人眼花缭乱。但归根到底，无非两大类道具：置景道具和随身道具。这些道具可以通过购买和租赁获取。各大购物平台上有各种各样的道具可供选择，一些对外租赁的摄影棚也会提供道具租赁服务。

8.2.4 制作拍摄计划

当拍摄脚本、服化道和拍摄场景都确定好之后，就可以制定相应的拍摄计划表，也叫作拍摄日常表，在剧组里，这样的表叫作“通告单”。尤其是在拍摄涉及多个场景的视频时，拍摄计划表的就显得尤为重要，因为剧本是按照故事发展的顺序写的，但是在拍摄时通常会打乱顺序，以便尽量一次性将一个场景里的镜头全部拍摄完，这样可以大大节约拍摄时间和拍摄成本。表 8-3 所示是《桃花源》文学剧本节选。

表 8-3

《桃花源》文学剧本节选
第一场 地铁 早晨 室内 【清晨，淡蓝色的天空中，飘浮着几朵白云；桥上、马路上，众多车辆来往不绝；写字楼在阳光的照射下熠熠生辉。 【地铁站台，正当等了许久的冉冉忍不住活动了下有些酸痛的腿时，一列地铁缓缓驶入车站。进入地铁，由于早起有些困倦的冉冉皱着眉四处张望，想寻找一个座位。】 旁白：城市生活总是忙碌的，我们在人潮拥挤中穿梭，地铁公交在披星戴月中运行。 第二场 写字楼 早晨 室外 【冉冉从天桥上走过，穿过马路，直接走到写字楼下，进入大堂，走进电梯间，电梯刚好到达，冉冉伸手按下按钮，叮的一声，电梯门开，冉冉走进电梯。】 旁白：短暂的周末过去，迎来的又是新一周的兵荒马乱。 第三场 咖啡馆 白日 室内 【冉冉坐在咖啡馆用笔记本办公，双手在电脑上敲个不停，电脑旁放着一杯咖啡，不时喝上一口，咖啡馆外，阳光正盛，车辆川流不息，直至夜晚。】 旁白：我们总是在忙碌和闲暇中无缝切换，但偶尔也会发出对生活的感叹。 第四场 地铁 夜晚 室内 【地铁上，忙碌了一天的冉冉坐在座位上，有气无力地将头靠在座位旁的栏杆上，眼皮控制不住地耷拉着，迷糊间，听见地铁上响起了报站的提示音“叮，下一站：桃花源。”】 冉冉（心想）：这世上真的有桃花源吗？ 第五场 老家 白日 室外 【树上知了不停地鸣叫，悬挂着的铃铛叮叮作响，地上的猫咪困倦地打着哈欠，冉冉正将手伸向天空，试图去遮挡太阳，远处传来爸爸的呼喊。】 爸爸：冉冉，去切一个西瓜吃。 冉冉：好嘞。 ……

下面是根据《桃花源》剧本制定的拍摄计划。

- 场景

  场景一：地铁（两场戏——冉冉）

  场景二：写字楼（一场戏——冉冉）

  场景三：咖啡馆（一场戏——冉冉）

  场景四：老家（四场戏——冉冉两场、冉冉和猫咪一场、爸爸一场）

- 第一天

  上午——写字楼、咖啡馆中冉冉的戏份

  下午——地铁中冉冉的戏份

  晚上——布置老家场景并设计走位，准备第二天的戏

- 第二天

  拍摄老家冉冉、冉冉和猫咪以及爸爸的戏份

  核对物料清单

- 拍摄场景

  地铁

  写字楼

  咖啡馆或书店

  具有年代感的院子或民宿

- 演员

  冉冉——一套正装（衬衫+半裙）

  少女冉冉——两套具有年代感一点的衣服（短袖+短裤）

  爸爸——一套衣服，普通日常穿着

  猫咪

- 道具

  第一天第二场：包包、咖啡

  第一天第三场：笔记本、咖啡

  第二天第一场：铃铛、三个西瓜、托盘、水杯、书、蒲扇、冰棍、拍立得、风扇

- 发布通告单

通告单的发放对象是全体剧组人员，目的是确保每个人都知道当天的流程，以便让大家更好地配合。所以通告单上最重要的时间、地点信息要有。时间包含集合、出发和每场戏的拍摄时间，地点包括集合出发点和每场戏的拍摄地点。

《桃花源》6月22日通告单	日期：2024年6月22日 星期六 拍摄：第1天/共2天

天气：晴　日出：05：33　日落：19:28　气温：21~26℃

片场：北塔大厦A座

地点：X地铁站3号口

时间：8:00导演组、摄像组、灯光组、妆造组、设备车出发　8:00演职人员全部就位

用餐：午餐12:00片场发放　晚餐18:00片场发放

场号	场景	演　员	拍摄内容	日/夜	内/外	拍摄时间	拍摄地点	必要道具
2	写字楼	凌媛媛（冉冉）	见剧本	日	外+内	8:30	北塔大厦A座	包包、咖啡
3	咖啡馆	凌媛媛（冉冉）	见剧本	日	内	14:00	相遇咖啡馆	笔记本、咖啡
1	地铁	凌媛媛（冉冉）	见剧本	日	外	16:00	XX地铁站3号口	

拍摄现场禁止大声喧哗，手机请调静音！

8.2.5 做好预算

在短视频拍摄储备过程中，预算也是一个需要确定的重要因素。拍摄短视频需要资金支持。个人短视频创作者确定预算时只需要考虑摄影摄像和剪辑器材成本，以及服装道具成本。而短视频团队则需要准备更多的资金用于购买或租赁器材、场地和道具，以及雇佣演员和工作人员，并支付其他人工费用等。表8-4所示为短视频拍摄所涉及的基本预算项目。

表8-4

预算项目	说　明
器材成本	器材成本包括摄影摄像器材、灯光和录音设备，以及其他器材的购买或租赁费用
道具费用	道具费用主要是指用于布置短视频拍摄场景所需的道具，以及服装和化妆品的购买和租赁费用
场地租金	一些拍摄场地需要支付租金才能使用，如摄影棚的租赁费用通常是按天计算，这在短视频制作成本中占据很大比例
后期制作费用	后期制作费用主要是指视频制作过程中，完成拍摄素材后的所有编辑，处理及优化工作所产生的费用。包括但不限于剪辑、调色、音效设计、特效制作、配音及字幕添加等
人员劳务费用	人员劳务费用是指拍摄短视频所涉及的所有工作人员和演职人员产生的劳动报酬
办公费用	办公费用主要是指撰写短视频脚本、拍摄和运营过程中购买或租赁办公设备及材料所产生的费用，包括打印纸、笔、文件夹和信封等
交通费	交通费是指在筹备、拍摄和运营期间，所有工作人员租车、打车、乘坐公共交通工具所产生的费用，以及油费和过路费等
餐饮费	餐饮费是指短视频拍摄过程中所有工作人员的餐费费用
住宿费	住宿费是指短视频拍摄过程中所有工作人员租住宾馆或旅店所产生的费用
其他费用	为某些工作人员购买保险，交纳税费，以及购买原创短视频脚本支付版权费用等

总之，无论是个人还是团队，拍摄短视频都需要一定资金的支持，这就需要在短视频拍摄筹备阶段提前确定资金预算，为接下来的拍摄、剪辑和运营做好充分准备。

8.3 短视频脚本

8.3.1 找到创意点

如果将创作短视频比作盖房子，那么脚本的作用就相当于“施工方案”，重要性不言而喻。撰写短视频脚本，除了要掌握基本的写作方法外，还有必要掌握一些技巧，以提升脚本的质量。

1. 设置情节亮点

有人认为，原创内容一定能够得到大量的推荐和播放量，其实不然，视频脚本的质量，文案的趣味性、创意性等，都是非常重要的影响因素。爆款短视频的脚本文案通常都有独特的亮点，只要你的脚本文案有足够的亮点，就可以打造吸引人的短视频。一个视频的亮点，通常有4个，即美点、笑点、泪点和槽点。

（1）美点

对于真善美的东西，人们内心总是向往的。美好的东西看着养眼，让人心里舒服，让人憧憬。从心理学上看，这是人性；从生理学上看，这是大脑分泌多巴胺所致，多巴胺会让人快乐。

短视频脚本文案中只有始终展示美好的事物，才能得到粉丝的青睐。当然，这个美不仅仅是说人美，也包括美食、美情、美景，这些都能吸引人。

在各大短视频平台上，有很多专门拍摄美景的账号，集中展示全球各地各种新奇的美丽景色。这类账号往往更容易得到平台流量支持，吸粉能力也非常强。这类账号之所以如此受欢迎，美景是其最大的亮点，如图 8-13 所示。

图 8-13

（2）笑点

人在不开心时，总想找点乐子，很多人选择看幽默搞笑的短视频。纵观如今各大平台上的小视频，搞笑类视频占比最大，而且往往是自成一体，自有风格，很多短视频博主专门制作这类视频，如图 8-14 所示。搞笑视频让人觉得十分有趣，这会让观众转发分享给好友，形成二次传播。

对于15秒为主的短视频来讲，笑点永远是不可忽视的，即使不是搞笑类的视频，植入一个或若干个笑点也会增加视频的趣味性。需要注意的是，在设置笑点时不要为了搞笑而搞笑，太刻意的话很可能起到反效果。

图 8-14

（3）泪点

具有泪点的视频常常是以情感人，这类视频很容易引起有相同感受的人的情感共鸣。在这类短视频中，总有一些话语让我们心头一暖，总有一些片段直戳我们内心，让我们瞬间泪奔。其实，无论是一句话，还是一个片段，之所以能让我们热泪盈眶，主要原因就是文案中设置了泪点。

（4）槽点

槽点，由网络词汇“吐槽”引申而来，常常表示吐槽的“爆点”。文案有槽点往往可以给视频带来人气，引导粉丝深度参与，评论、转发量都会得到大大提升。槽点也可以成为矛盾点，即在剧情中设置矛盾，让剧情跌宕起伏。

但这个方法最好慎用，因为不太好控制，很容易把视频变成吐槽视频，人气虽然上去了，但粉丝质量没上去。

2. 设置反转情节

有的短视频内容十分正能量，拍摄得也十分到位，然而完播率却很低。原因就是剧情过于平淡，没有反转，没有矛盾冲突。好的剧情都有出乎意料的反转，反转则往往可引发粉丝参与，抓住粉丝的心。

那么，一个短视频只有十几秒时间，如何设置情节上的反转呢？可以参考图 8-15 所示的模板（以一个15秒的短视频脚本为例）。

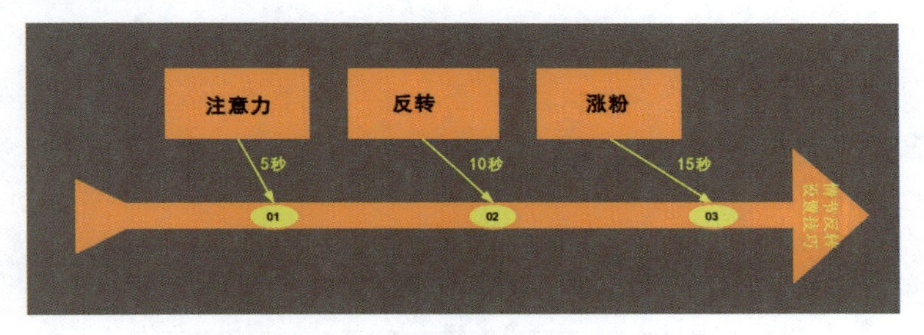

图 8-15

这个模式理解起来比较容易，即在策划短视频脚本文案时将内容分为三个部分。第一，在5秒内设置一个吸睛点，抓住粉丝眼球，吸引粉丝注意力，让粉丝不要走。这个吸睛点可以是视频画面，也可以是人物动作、音效、特效等。第二，在视频的第10秒时设置“反转”。第三，在视频第15秒即将结束的时候，引发互动涨粉。

而反转最本质的就是与预期违背，让观众看着看着就会发现故事与自己预想的完全不一样。设置反转效果最常见的手法就是设置盲点，盲点的设置可分为初级盲点和高级盲点。

（1）初级盲点

初级盲点设置是显而易见的，能够让读者很容易就发现。在具体的手法上可以通过对几个要素进行反转，比如最简单的人物设置的反转，出场是坏人，然后通过各种实际剧情和表现，发现坏人只是表面现象，实际上是个卧底，是好人。

初级盲点的设置需要把故事分为两层。第一层讲述一个所有人都知道的常见的故事，第二层笔锋一转，再说明真相。

（2）高级盲点

高级盲点基本上是隐含在剧情里的，通过各种伏笔一步一步被揪出来，从而实现剧情反转，达到出乎意料的效果。比如，“隐藏关键信息”，让观众从事件的某一个角度进入故事，而看不到全貌。换句话说，观众看到的信息是残缺的，但观众并不知道。需要暗设提示，启发观众自己去领会。

高级盲点的设置需要对其他要素进行反转，比如，博弈双方的实力反转，喜剧悲剧的反转，利用读者思维定式的反转。总之，反转的技巧核心就是能够营造出让读者眼前一亮、心头一惊的效果。

3. 多多表现细节

人们常说“细节决定成败”，创作短视频脚本也是如此。打个比方，有着相同故事大纲的两个短视频，注重刻画细节的视频很容易高流量，而没有细节的视频效果就会差很多。

如果主题是树干，框架是树枝，那么细节就是树叶。一棵树只有有了茂盛的树叶，生命力才更顽强。

细节是调动观众情绪的重要枝干，在创作脚本时要善于刻画细节。细节可以增强观众的参与感，调动观众的情绪，使人物更加丰满。

8.3.2 如何写一个脚本

脚本就是解决拍什么的问题，通过需要解决的问题来构思整个视频的拍摄。图 8-16 所示为短视频脚本主要解决的3个问题。

确定了视频内容的多少、时长、风格之后，就可以开始脚本创作了。从结构的角度看，写一个脚本与写一篇文章是一样的，都必须具有最基本的3个部分，即开头部分、展开部分和结尾部分。3个部分的具体创作要求如图 8-17 所示。

脚本要解决的3个问题
视频要呈现多少内容？
视频时长是多少？
视频的整体风格要如何把握？

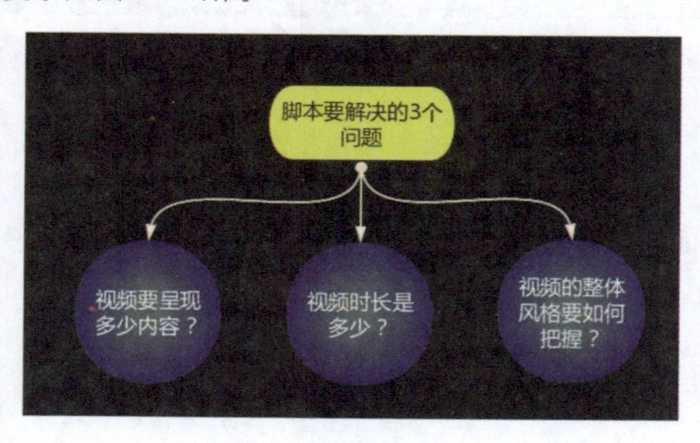

图 8-16

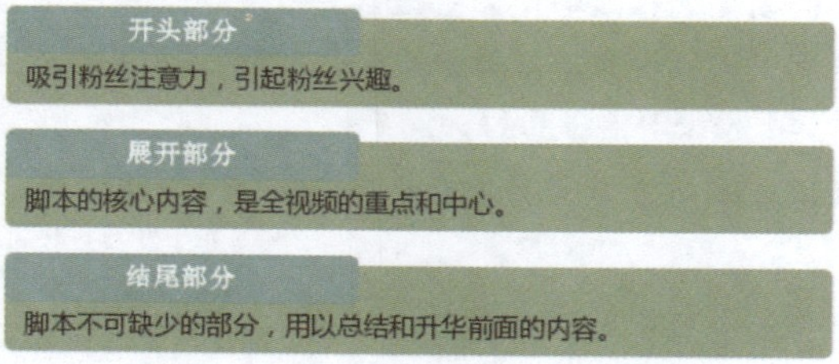

开头部分
吸引粉丝注意力，引起粉丝兴趣。
展开部分
脚本的核心内容，是全视频的重点和中心。
结尾部分
脚本不可缺少的部分，用以总结和升华前面的内容。

图 8-17

1. 开头结构

开头在脚本中占有很重要的地位，目的是点出主题。好的开头可以吸引粉丝的注意力，引起粉丝继续观看的兴趣。

开头部分通常不宜过长，一般只需要简单的几个镜头，或几句解说就可以了。可以开门见山，直接进入正题，也可以先提出问题，设置悬念，引出主题。对于一些情感性的视频还可以安排序幕，以起到烘托气氛的作用，通过要表达和说明的问题，给观众造成深刻印象。

2. 展开部分

展开部分是脚本的核心内容，是全视频的重点和中心，这部分内容尤其重要，在撰写时要求较高，需要根据视频的主题充分思考。常见的要求有4个，如图 8-18所示。

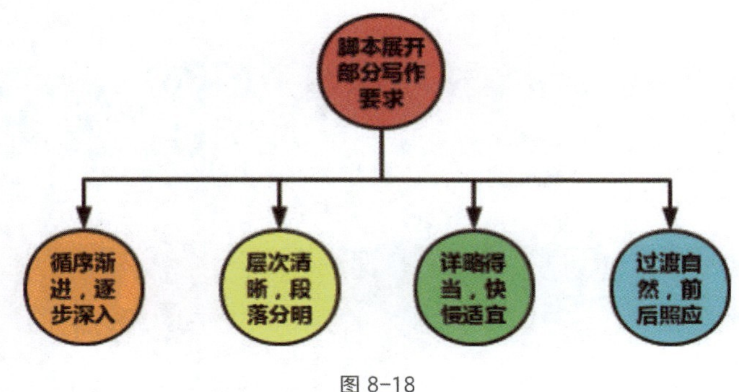

图 8-18

（1）循序渐进，逐步深入

为达到循序渐进，逐步深入的效果，可以不断提出问题，然后按一定的逻辑顺序解决问题，逐步深入地去揭示问题。

（2）层次清晰，段落分明

为了让层次更清晰、段落更分明，必要时可用字幕的标题分隔，让人容易理解各层次及其联系。每一个层次可用几个段落来表达，每个段落表达一个问题，段落与段落之间又要相互联系。

（3）详略得当，快慢适宜

内容表述的详略，直接关系到对主题的体现，详略得当能使中心明确、重点突出、结构紧凑。为此，重点内容部分要详写，相关的其他问题则要略写。

（4）过渡自然，前后照应

过渡是指事物由一个阶段或一种状态，转入另一个阶段或状态，侧重于表示两个阶段、状态的渐变和转折。一般出现在不同层次、不同段落之间。

3. 结尾部分

结尾是脚本不可缺少的部分，如果没有特别需要，任何一个脚本都需要设置结尾。好的结尾要做到简洁有力。结尾也是讲究技巧和方法的，通常采用总结和提问的方式。总结全片，升华主题；提出问题，发人深省。总之，开头、中间、结尾是脚本文字的一个有机整体结构，头要开得好，尾也要收得好，中间主题展开部分更应丰富多彩。

8.3.3 如何制作分镜表

分镜表主要是以文字的形式直接表现不同镜头的短视频画面。分镜表的内容更加精细，能够表现短视频前期构思时对视频画面的构想，可以将文字内容转换成用镜头直接表现的画面，因此，比较耗费时间和精力。

通常分镜表的主要项目包括景别、拍摄方式（镜头运用）、画面、内容、台词、音效和时长等。有些专业短视频团队撰写的分镜表中甚至会涉及摇臂使用、灯光布置和现场收音等项目。分镜表就像短视频创作的操作规范一样，为摄像提供拍摄依据，也为剪辑提供剪辑依据。下面是分镜表的常用格式。

《XXX》分镜表

导演版（15分钟）

镜号	景别	拍摄手法	画面内容	声音			备注
				台词	音乐	音效	
1	远景	推镜头	要点1：少用抽象形容词	对白台词	背景音乐	环境音等	
2	全景	拉镜头	要点2：客观描述画面即可	……	……	……	
3	中景	摇镜头	……				
4	近景	移镜头					
5	特写	跟镜头					
6	……	……					

分镜表包含的主要项目介绍如下。

- 标题：在脚本的最上方标注清楚，是哪部微电影或视频的脚本。
- 时长：在标题下面写出成片预估的大概时长。
- 镜号：也叫机位号，通常用于多机位拍摄的情况，用1、2、3……来表示。
- 景别：表示该画面用什么景别去拍摄，有远、全、中、近、特5个大类别。
- 拍摄手法：也叫拍摄技法，分为推、拉、摇、移、跟、升、降等。
- 画面内容：将文学剧本的画面内容按照镜号写上去即可，注意画面描述要遵循少抽象、多具体的原则。
- 声音：包含台词、音乐、音效3部分。台词指的是剧中人物的对白，音乐指的是背景音乐，音效指的是同期声的环境音，或者后期要加的一些特殊音效等。
- 备注：标注该画面的特色要求，如升格拍摄等。

提示：下面的《桃花源》分镜表是文字版分镜表，适合小团队，相对来说不是那么复杂，制作成本不高，主要作用是让大家看懂以便更好地配合。除了这样的文字版，其实还有另外两种形式的分镜表，分别是图画版和视频版。图画版是分镜设计师将文字描述的画面，用手绘的方式直接画出来，这样表现会更加直观一些。视频版则是直接将文字做成动态视频，其中的特效等场景都会预先还原出来，相当于提前在真人出镜之前做一版动画，这种形式的成本和预算特别高，一般个人和工作室用文字版就已经足够了。

《桃花源》分镜表节选

导演版（15分钟）

<table>
<tr><th rowspan="2">镜号</th><th rowspan="2">景别</th><th rowspan="2">拍摄手法</th><th rowspan="2">画面内容</th><th colspan="3">声音</th><th rowspan="2">备注</th></tr>
<tr><th>旁白</th><th>音乐</th><th>音效</th></tr>
<tr><td>1</td><td>远景</td><td>固定镜头</td><td>城市天空</td><td></td><td rowspan="16">都市背景音乐</td><td rowspan="3">车流声</td><td rowspan="2">延时</td></tr>
<tr><td>2</td><td>近景</td><td>固定镜头</td><td>城市车流</td><td></td></tr>
<tr><td>3</td><td>近景</td><td>环绕镜头</td><td>阳光下的写字楼</td><td>城市生活总是忙碌的</td><td></td></tr>
<tr><td>4</td><td>中景</td><td>固定镜头</td><td>冉冉站在地铁站台上等地铁，一列地铁缓缓驶入车站</td><td>我们在人潮拥挤中穿梭</td><td>地铁进入站台的音效</td><td></td></tr>
<tr><td>5</td><td>特写</td><td>固定镜头</td><td>冉冉在地铁上皱着眉四处张望，寻找一个座位</td><td>地铁公交在披星戴月中运行</td><td>地铁上的背景音效</td><td></td></tr>
<tr><td>6</td><td>特写</td><td>跟镜头</td><td>冉冉走在天桥上</td><td>短暂的周末过去</td><td>车流声，走路声</td><td></td></tr>
<tr><td>7</td><td>全景</td><td>固定镜头</td><td>冉冉拿着咖啡走在写字楼下</td><td rowspan="3">迎来的又是新一周的兵荒马乱</td><td></td><td></td></tr>
<tr><td>8</td><td>近景</td><td>固定镜头</td><td>冉冉在写字楼下一边走路一边打电话</td><td></td><td></td></tr>
<tr><td>9</td><td>全景</td><td>固定镜头</td><td>冉冉走在写字楼大堂中</td><td></td><td></td></tr>
<tr><td>10</td><td>中景</td><td>固定镜头</td><td>冉冉伸手按下按钮电梯按钮，进入电梯</td><td></td><td>电梯开门音效</td><td></td></tr>
<tr><td>11</td><td>近景</td><td>固定镜头</td><td>冉冉坐在咖啡馆用笔记本办公，双手在电脑上敲个不停</td><td rowspan="4">我们总是在忙碌和闲暇中无缝切换</td><td></td><td></td></tr>
<tr><td>12</td><td>全景</td><td>固定镜头</td><td>冉冉一边看笔记本一边喝咖啡</td><td></td><td></td></tr>
<tr><td>13</td><td>近景</td><td>固定镜头</td><td>冉冉身体向后倚靠在椅背上，严肃地看着电脑</td><td></td><td></td></tr>
<tr><td>14</td><td>近景</td><td>固定镜头</td><td>冉冉伸手拿起笔记本旁的咖啡喝了一口</td><td></td><td></td></tr>
<tr><td>15</td><td>全景</td><td></td><td>城市车流</td><td>但偶尔也会发出对生活的感叹</td><td>车流声</td><td>白天到黑夜延时</td></tr>
<tr><td>16</td><td>特写</td><td></td><td>冉冉坐在地铁上昏昏欲睡</td><td></td><td></td><td></td></tr>
<tr><td colspan="8">……</td></tr>
</table>

第9章

不同题材短视频的拍摄技巧

不同题材的短视频有不同的拍摄手法，创作者可以根据要拍摄的专题选择合适的方式，以拍出更好的画面效果。本章将重点分享各类服饰、食品、电子产品、家居家纺，以及交通工具的拍摄技巧，帮助读者拍出高质量的视频画面。

9.1 服饰的拍摄技巧

在服饰拍摄中，创作者可以运用各种拍摄技巧，如光影、构图、取景等，将服饰拍摄得更为精美。通过这种方式，能够更好地展示产品的特点和优势，让消费者充分了解产品的特点和优势，增强购买欲。

9.1.1 找好光线将女装拍出杂志风

要想将服装拍出杂志上的那种时尚感，光线的运用是非常重要的。如果是在室外拍摄，最好将时间定在上午10点前和下午4点后，这时候的光线柔和，阴影较少，能够突出服装的质感和细节，如图9-1所示；或者选择在阴天拍摄，阴天虽然光线较暗，但光线均匀柔和，很适合拍摄人像和服装，如图9-2所示。

图 9-1

图 9-2

在室内拍摄时，可以选择在靠近窗户的位置利用从窗户射入的自然光拍摄。光线从侧面或背后照射，可以产生柔和的轮廓光和质感，并且还可以使用软箱或灯光来模拟自然光，确保光线充足且均匀。

如果是在摄影棚布光拍摄，在布光时，最好是将主光置于顶部，这样可以强调服装的轮廓和细节，营造立体感；辅助光一般安排在照相机附近，以左右45°角向内照射，这样可以降低拍摄对象的投影，补充阴影区域，使光线更加均匀；轮廓光一般置于物体左后或者右后侧，灯位设置较高以避免眩光，增强服装的轮廓感和空间感，如图9-3所示。

图 9-3

此外，还要注意光线与服装材质的匹配，细腻的材料比较适合用柔和的光，以避免强烈的阴影，突出面料的细腻和光泽；而粗糙的材料则可以直接打光，通过阴影和光线的对比展现其独特的纹理和质感。

9.1.2 巧妙取景将婚纱拍出电影感

婚纱拍摄要尽量选择具有自然美感的地点，如海滩、森林、公园或具有历史感的建筑前，这些地点都能为婚纱照增添独特的魅力，如图 9-4 所示。拍摄时间最好选择在早晨或傍晚，这时的光线柔和且温暖，能够营造出浪漫的氛围。如果是在林间拍摄，还要注意使用逆光和漫射的环境光来塑造画面，使人物和婚纱更加立体并突出质感。

图 9-4

在正式拍摄时，创作者可以有意识地去捕捉一些浪漫瞬间，比如新娘好奇地往窗外看、拉上婚纱拉链、新郎轻搂新娘（背影）等画面，这些画面都能传达出幸福的氛围，如图 9-5 所示；还可以着重拍摄步行到婚宴场地、抱起来亲吻等动态场景，展现出新娘和新郎的甜蜜和幸福；在有风的地方，可以借助风的力量，让裙摆飘动，为画面增添动态美，如图 9-6 所示。

图 9-5

图 9-6

9.1.3 拍童装要凸显儿童活力

在拍摄童装时要凸显儿童的活力，服装的选择是很重要的，色彩鲜艳、图案活泼的童装能立即吸引观众的注意力并传达出活力感，如图 9-7 所示。短裤、T 恤、运动装等适合运动的童装款式，更容易展现儿童的活力和好动天性，如图 9-8 所示。

图 9-7

图 9-8

儿童的活力通常体现在他们的动作和表情上，所以创作者要尽量在他们玩耍、奔跑、跳跃的时候进行拍摄，如图 9-9 所示，注意捕捉儿童的表情、眼神、手势等细节，这些元素能够生动地展现儿童的活力和个性。可以使用大光圈镜头或者靠近拍摄对象，以获得清晰的细节和背景虚化效果，如图 9-10 所示。

图 9-9

图 9-10

在构图时，要尽量使用动态构图，如斜线、对角线等构图方式，使画面更具动感和活力，并尝试不同的视角和拍摄角度，如低角度、高角度等，展现儿童的活泼和天真，如图 9-11 所示。

图 9-11

9.1.4 超广角拍跑鞋更有冲击力

拍摄跑鞋时要选择能够凸显跑鞋特点和设计元素的角度，可以尝试低角度拍摄，使跑鞋看起来更加巨大和有力，如图 9-12 所示；也可以从侧面或斜角拍摄，以展示跑鞋的轮廓和线条。

拍摄跑鞋也可以使用超广角镜头，超广角镜头的透视效果可以使近处的物体看起来更大，远处的物体看起来更小，利用这一特性，可以将跑鞋放在画面的前景位置，使其看起来更加突出和具有冲击力。还可以通过拍摄跑鞋在运动中的瞬间，如图 9-13 所示，或者使用动态模糊效果来强调其速度和力量感。

图 9-12

图 9-13

跑鞋通常具有丰富的设计细节，如纹理、图案、颜色等，可以通过近距离拍摄来强调这些细节，并创造出独特的视觉效果，如图 9-14 所示。

光线和阴影也是创造冲击力的重要元素，尝试在不同的光线条件下拍摄，如逆光、侧光等，突出跑鞋的质感和立体感，还可以利用阴影来营造氛围和深度感，如图 9-15 所示。

图 9-14

图 9-15

9.1.5 找好机位将珠宝拍出高贵质感

在珠宝拍摄中，机位的运用对于捕捉珠宝的高贵质感和细节至关重要。为了强调珠宝的立体感和空间感，通常可以选择较低的角度进行拍摄，这样可以使珠宝在画面中占据主导地位，并增强其视觉冲击力，同时，较低的角度还可以让观众以全新的视角欣赏珠宝，增加视觉吸引力，如图 9-16 所示。

正侧角度是拍摄珠宝的经典角度之一，能够清晰地展示珠宝的轮廓和细节，这种角度有助于突出珠宝的形状、线条和切面，使其看起来更加立体和生动，如图 9-17 所示。

在布光时，最好确保主光源位于珠宝的正上方或斜上方，能够提供充足且均匀的光线，从而凸显珠宝的光泽和质感，减少阴影，并根据实际需要，使用辅助光源来补充光线，如反光板、软箱等，这些工具可以帮助控制光线的方向和强度，使珠宝在画面中更加明亮和突出，如图 9-18 所示。

图 9-16

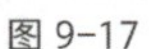

图 9-17

图 9-18

9.1.6 简约背景更能凸显包包的高级感

在拍摄包包时，要尽量使用简约的背景，这样能够凸显包包的高级感和设计细节。黑色、白色、灰色等中性色调是最常用的简约背景色，它们能够与大多数包包的颜色和风格相协调，使包包成为画面中的焦点，如图 9-19 所示。

如果包包的颜色比较鲜艳或者具有特殊设计，也可以选择与包包颜色相近或相衬的色调背景，以突出包包的特点，如图 9-20 所示，如果背景有线条或图案，要确保它们简洁明了，不会与包包的设计产生冲突。

在拍摄时，还要控制拍摄现场的光线。利用自然光拍摄时，要确保光线柔和且均匀，避免过强的阴影或反光。如果自然光不足，可以使用补光灯来提供额外的光线，确保包包在画面中清晰可见，如图 9-21 所示。

图 9-19

图 9-20

在摆放包包时，可以将包包放置在背景的中心或稍偏一侧的位置，确保它在画面中占据主导地位。然后选择能够凸显包包特点和设计细节的角度进行拍摄，如正面、侧面或斜角，如图 9-22 所示。

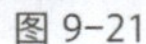

图 9-21

图 9-22

9.2 食物的拍摄技巧

在拍摄食物时，不仅要展现食物本身的外形，还要捕捉到其独特的味道和质感，拍出食物的纹理、色泽和光泽，可以让观众真切地感受到食物的色、香、味。

9.2.1 拍零食要学会找角度

拍摄零食时，找到合适的拍摄角度是展现其美味和吸引力的关键。正面平视角度拍摄，能够直接展示零食的整体外观，让观众一眼就能看清零食的形状、颜色和纹理，对于形状规则均匀、对称的零食，这种角度是拍摄的最佳选择，如图 9-23 所示。

侧面角度拍摄可以展示零食的层次感和立体感，特别是拍摄那些有层次或堆叠结构的零食，侧面角度还可以为画面增加深度，使画面更加立体和生动。斜角拍摄可以增加画面动态感，这种角度适用于拍摄各种形状和大小的零食，如图 9-24 所示。

图 9-23

图 9-24

此外，创作者也可以使用特效镜头来拍摄零食，特写镜头可以突出零食的纹理、质地和细节，让观众更加深入地感受零食的美味。但使用特写镜头时，要注意选择最具代表性的部分进行拍摄，避免画面过于杂乱，如图 9-25 所示。

图 9-25

9.2.2 一盏灯将糕点拍出复古风

要将糕点拍出复古风格，要特别注意灯光的运用，选择柔和的灯光，如软箱灯或带有柔光罩的闪光灯，以避免强烈的硬光造成的高光和阴影。拍摄时，最好将灯光放置在糕点的侧面或斜上方，以创建柔和的侧光或斜射光效果，这种光线可以突出糕点的纹理和立体感，如图 9-26 所示。要避免过度使用闪光灯，因为闪光灯可能会造成过强的光线和生硬的阴影，影响复古效果的营造。

图 9-26

在摆盘时，要将糕点摆放得稍微随意一些，以营造一种自然、不刻意的感觉，可以使用一些复古道具，如瓷盘、旧式餐巾、茶具等，来衬托糕点。还可以选择一些复古风格的背景，如木质桌面、旧式纹理纸张或复古风格的布料，这些背景可以增加画面的复古氛围，如图 9-27 所示。

图 9-27

在构图时，可以采用中心构图或三分法构图，将糕点放置在画面的中心或交点位置，以突出其主体地位，同时，要注意画面的平衡和层次感，如图 9-28 所示。

图 9-28

9.2.3 特写镜头让美食更诱人

特写镜头是拍摄美食时非常有效的工具，它能够将观众的注意力集中在食物的细节上，使美食看起来更加诱人，如面包的酥脆外皮、肉类的多汁纹理或水果的新鲜光泽，如图 9-29 所示，通过特写，可以捕捉这些微小但关键的细节，使食物看起来更加真实，令人垂涎欲滴。

图 9-29

美食的色彩往往非常吸引人，而特写镜头能够突出食物的颜色，使其更加鲜艳和诱人。在拍摄时，应尽量使用自然光或柔和的灯光来照亮食物，同时合理调整曝光值，以确保颜色的准确性和鲜艳度，如图 9-30 所示。

特写镜头不仅可以拍摄静态的食物，还可以捕捉食物的动态。例如，拍摄食物被切割、搅拌或烹饪的过程，这些动态的画面能够增加画面的生动性和吸引力，如图 9-31 所示。

图 9-30

图 9-31

在特写镜头中，构图对于吸引观众的注意力至关重要，可以尝试使用不同的构图技巧，如对角线构图、三分法构图或中心构图，来创造有趣的视觉效果，但是要注意保持画面的简洁和平衡，避免过多的元素分散观众的注意力，如图 9-32 所示。

图 9-32

此外，在拍摄美食时，使用道具可以增加画面的趣味性和吸引力。例如，使用餐具、调料瓶、烹饪工具等道具来衬托食物，如图 9-33 所示；或者添加一些小花、叶子等自然元素来增加画面的生动性，如图 9-34 所示。

图 9-33

图 9-34

9.2.4 巧用水珠拍出饮品的清凉感

在饮品摄影中，巧用水珠可以非常有效地凸显出饮品的清凉感，如图 9-35 所示。如果饮品是从温度低的地方拿到温度高的地方，杯壁外侧便会自然凝结出小水珠。如果饮品没有冷藏过，可以使用一个小喷壶往杯身上喷点水来营造水珠效果。

图 9-35

在拍摄时，可以选择从侧面拍，这样能够更清晰地展示水珠的形状和质感，拍摄角度与水珠水平或略低时，可以得到形状饱满的水滴。在光效较强时，还可以选择逆光或侧逆光拍摄，让光线穿过水珠和饮品，形成透亮的光斑和反射，如图 9-36 所示；或者将饮品放在冰块中，拍出清凉感，如图 9-37 所示。

图 9-36

图 9-37

在构图时，要避免背景过于杂乱，以突出饮品和水珠，或者选择冷色调的背景，如蓝色、白色或灰色，来增强饮品的清凉感，如图 9-38 所示。

图 9-38

9.2.5 拍出蔬菜水果的新鲜水嫩

要拍出蔬菜水果的新鲜水嫩，最好选择最新鲜的蔬菜和水果，新鲜度是拍摄成功的关键。创作者可以去农贸市场或质量上乘的蔬果店亲自挑选，确保蔬菜和水果外表完整，无虫眼、瑕疵或破损。创作者也可以在蔬菜水果上喷水或喷洒水与甘油的混合物，甘油可以保持水珠持久，不会立即蒸发，从而使蔬菜水果看起来更加新鲜和水嫩，如图 9-39 所示。或者用小刷子给食物或蔬菜刷上食用油，使其在镜头下显得更加鲜亮。

图 9-39

在拍摄时，优先使用自然光拍摄，特别是在一天中光线柔和的时段，如早晨或傍晚，如图 9-40 所示。或者选用逆光与侧光拍摄，逆光可以突出蔬菜水果的轮廓和质感，侧光则能展现其纹理和立体感，如图 9-41 所示。要避免强烈的直射光造成的高光和阴影，必要时可以使用反光板或柔光罩进行柔化。

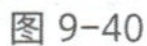

图 9-40

图 9-41

9.3 电子产品的拍摄技巧

随着科技的不断发展，电子产品已经成为了我们日常生活中不可或缺的一部分。从手机、电脑、相机到家电、智能家居等，每一个电子产品都有着自己独特的功能和特点。而在电子产品的销售和宣传中，拍摄是一个非常重要的环节。

9.3.1 巧用灯棒将手表拍出质感

在拍摄手表时，灯棒是常用的布光设备之一，最好是选择能够提供柔和、均匀光线的灯棒，如 LED 环形闪光灯棒或带有柔光罩的灯棒。要确保灯棒有足够的亮度，以便在近距离拍摄时提供足够的光线。

在布置光源时，如果是使用单灯棒，可以将灯棒置于手表的一侧，形成侧光效果，强调手表的轮廓和纹理，如图 9-42 所示。如果是多灯棒布置，要使用多个灯棒从不同角度照射手表，形成多光源效果，以突出手表的细节和质感，如图 9-43 所示。

图 9-42

图 9-43

在调整光线时，要根据手表的材质和特性，调整灯棒的位置和角度，尝试不同的光效，如硬光、软光或侧光等，以寻找最适合手表的光效，如图 9-44 所示。还可以通过调整灯棒的亮度或使用遮光板等工具，控制光线的强度，避免曝光过度或曝光不足。又或者在灯棒对面放置一块反光板，以反射光线并填充手表的阴影部分，使整体效果更加均匀，如图 9-45 所示。

图 9-44

图 9-45

拍摄手表，比较适合采用简洁的构图方式，将手表置于画面中心或采用三分法构图，以突出手表的主体地位，如图 9-46 所示。可以尝试从多个角度拍摄手表，如正面、侧面和背面，以展现手表的不同特点和质感。

图 9-46

9.3.2 拍音箱学会布光很重要

拍摄音箱时，学会布光非常重要，因为合适的光线不仅可以突出音箱的质感和细节，还能营造出特定的氛围和感觉。在室外利用自然光拍摄时，可以在早晨或傍晚，将音箱放在光线充足但不过于强烈的位置进行拍摄，这样可以利用自然光拍出自然、柔和的效果。如果用户想将音箱拍出科技感，则可以选择在晚上利用城市灯光进行拍摄，如图 9-47 所示。

图 9-47

在室内拍摄时，使用灯棒、环形闪光灯或单灯等人造光源，将光源置于音箱的一侧，形成侧光效果，可以突出音箱的轮廓和纹理，增加立体感。将光源置于音箱上方，从音箱上方照射下来的光线可以强调音箱的顶部细节，但需要注意避免产生过强的阴影。在音箱下方放置光源，可以营造出神秘、科幻的氛围，但需要注意避免光线过强导致曝光过度，如图 9-48 所示。

拍摄音箱时，还要考虑阴影和反光问题。创作者可以根据拍摄需求，适当调整光源的位置和角度，以控制阴影的强度和方向，适当的阴影可以增加音箱的立体感和深度，如9-49所示。音箱的金属或塑料表面可能会产生反光，可以使用偏振镜或其他工具来减少不必要的反光，确保音箱的细节和纹理得以清晰展现。

图 9-48

图 9-49

不同光线效果也可以拍摄出不同风格的画面，硬光可以突出音箱的轮廓和纹理，而软光则可以使音箱看起来更加柔和和舒适。也可以根据拍摄需求和音箱的风格，选择不同色温的光源，暖光可以营造出温馨、舒适的氛围，而冷光则可能更适合展现音箱的科技感和现代感，如图 9-50 所示。

图 9-50

9.3.3 充电宝拍摄运镜很关键

充电宝作为电子产品，具有时尚的设计和便携的特性，在运镜时，需要充分展现这些特点。使用推镜头时，可以从较远的视角缓慢推近，让观众逐渐关注到充电宝的细节，如纹理、标识等。使用拉镜头时，可以从充电宝的局部特写，然后逐渐拉远，让观众看到充电宝在整体环境中的样子。或者从局部特写到逐渐展示充电宝的整体，如图 9-51 所示。

图 9-51

而摇镜头可以平滑地切换视角，从多个角度拍摄充电宝。移镜头则更加灵活，可以从充电宝的不同角度、高度进行拍摄，使画面更具动感，如图 9-52 所示。如果充电宝有动态展示，可以使用跟镜头来捕捉其运动轨迹，比如充电宝在充电时，镜头可以跟随充电线的移动，展示充电过程。

图 9-52

9.3.4 笔记本如何拍出科技感

拍摄笔记本，要选择简洁、无杂乱元素的背景，如纯色背景纸或干净的桌面，以突出笔记本的主体地位。然后从不同的角度进行拍摄，如正面、侧面、顶部等，注意拍摄键盘、触控板、接口等细节部分，展现笔记本的精美和强大功能，如图 9-53 所示。还可以将笔记本与鼠标、键盘、充电器等科技配件一起拍摄，展示其完整的生态系统。或者添加一些科技道具，如电路板、芯片、LED 灯等，增强画面的科技感。

图 9-53

在拍摄时，不管是使用自然光还是人造光源，都要确保光线充足且均匀，避免曝光过度或曝光不足，可以使用软箱、反光板等工具来调整光线，也可以合理利用光线和阴影来增强画面的立体感和深度，使笔记本看起来更具科技感。如果笔记本有金属或玻璃材质，可以利用其反光面来捕捉光线和周围环境，增添科技感，如图 9-54 所示。

图 9-54

此外，拍摄笔记本时，也可以寻找一些创意角度或者使用外置镜头，比如，将笔记本放置在透明或半透明的表面上，拍摄其倒影或透过表面的视角，增加神秘感和科技感，如图 9-55 所示。使用微距镜头拍摄笔记本的细节部分，如键盘、电路板、螺丝等，可以展现其精密的制造工艺。

图 9-55

9.4 家居家纺的拍摄技巧

家居家纺产品是家里必不可少的物品，随着人们对家居环境的重视，这类产品也越来越受到消费者的关注。本节将介绍一些家居家纺产品的拍摄技巧。

9.4.1 将沙发拍得高端大气上档次

要将沙发拍得高端大气上档次，就必须选择一个简洁、干净且颜色搭配得当的背景，比如纯色墙面或高级感的纹理背景板，要避免使用过于复杂或杂乱的背景，以免分散观众的注意力。然后将沙发放置在合适的角度，展示其整体设计和线条美感，还可以根据沙发的风格和色调，搭配一些精致的配饰，如抱枕、地毯、台灯等，提升沙发的整体质感，如图 9-56 所示。

如果条件允许，也可以将沙发放置在具有高级感的场景中，如豪华客厅、酒店大堂等，通过场景的衬托来提升沙发的质感，并利用一些道具如酒杯、杂志、艺术品等来增加画面的层次感和趣味性。

图 9-56

在拍摄时，应尽量利用自然光或专业摄影灯具，确保光线充足且柔和，利用光影效果来增强沙发的立体感和质感，避免直射的强光造成曝光过度或硬阴影，如图 9-57 所示。尝试从不同角度去拍摄沙发，如正面、侧面、顶部等，并运用三分法、黄金分割法等构图技巧，使画面更加美观和谐。

图 9-57

9.4.2 拍灯具其实也需要打光

因为灯具本身就是发光体，所以平衡灯具自身的光线与拍摄时的辅助光源，是拍摄灯具的关键。在开始拍摄之前，要先了解灯具的发光方式、亮度和色温等特性，以便更好地设置拍摄参数和选择打光方式。要避免在过于明亮的环境中拍摄，因为这可能会使灯具的光线效果变得不明显，如图 9-58 所示。最好选择一个相对暗的环境，以便更好地控制光线和突出灯具的光线效果，如图 9-59 所示。

图 9-58

图 9-59

尽管灯具本身会发光，但使用辅助光源仍然可以更好地控制拍摄效果。例如，可以使用软箱、反光板或环形闪光灯等器材来补光或增加层次感，但辅助光源的强度和色温应该与灯具的光线相协调，以避免产生不自然的色彩偏移，如图 9-60 所示。

图 9-60

在拍摄过程中，要根据需要调整灯具的亮度。如果灯具太亮，可能会使画面曝光过度；如果太暗，则可能无法充分展现灯具的光线效果。注意避免直射的强光产生硬阴影，可以通过使用柔光罩或调整光源位置来软化阴影，如图 9-61 所示。

图 9-61

9.4.3 餐具拍摄场景和构图很重要

餐具拍摄，场景和构图的选择对于最终成像效果至关重要。选择一个简洁、干净的背景，可以突出餐具本身，比如纯色背景纸、木板或石材等，要确保背景颜色与餐具颜色相协调，避免过于花哨的背景分散观众的注意力，如图 9-62 所示。

图 9-62

在布置场景时，可以将餐具放置在一张整洁的餐桌上，并根据需要摆放餐垫、桌布或花瓶等装饰物，营造出一种真实且高级的氛围，提升画面的整体美感，如图 9-63 所示。但要注意的是，场景的布置要符合餐具的样式和风格，例如，如果餐具是复古风格的，可以选择具有复古元素的场景进行拍摄，如老式家具、烛台和复古装饰品等。

图 9-63

在构图时，可以将画面划分为三等份，将餐具放置在画面的交叉点或线条上，使画面更加平衡和美观。或者将餐具或装饰物按照对角线的方式摆放，营造出一种动态和活泼的氛围，如图9-64所示。也可以通过摆放不同高度和角度的餐具，以及使用前景和背景的元素，创造出丰富的层次感，如图9-65所示。又或者在画面中留出一些空白区域，使画面更加简洁和高级，同时，留白也可以给观众留下想象的空间。

图 9-64

图 9-65

9.4.4 床上用品需要拍出舒适感

拍摄床上用品时要确保有足够的空间来展示整个床铺，包括枕头、床单、被子等，如果可能的话，最好选择一个宽敞、明亮的房间进行拍摄。

在布置床铺时，要确保床单、被子等床上用品平整无皱，传达出整洁和舒适的感觉。还可以通过堆叠不同颜色、材质和大小的枕头、靠垫等，增加床铺的层次感和视觉吸引力。在配色上要选择和谐的配色方案，让床上用品的色彩相互呼应或形成对比，以吸引观众的眼球，如图9-66所示。

图 9-66

在拍摄时可以邀请模特躺在床上或坐在床上进行拍摄，通过人物的表情和动作来传达出舒适感，如图9-67所示。或者为画面添加一些故事性元素，如书籍、鲜花等，让观众在欣赏画面的同时，也能感受到一种温馨、舒适的生活氛围。

图 9-67

在构图时可以运用三分法构图，将床铺放置在画面的交叉点或线条上，使画面更加平衡和美观。或者将床上用品按照对角线的方式摆放，营造出一种动态和活泼的氛围。也可以在画面中留出一些空白区域，让观众有足够的空间来想象和感受床铺的舒适感，如图 9-68 所示。

图 9-68

9.5 交通工具的拍摄技巧

在旅行的途中，我们会看到汽车、高铁、轮船、公交车等多种交通工具，这些交通工具不仅方便了我们的出行，也是一种非常好的拍摄题材。

9.5.1 汽车拍摄要注重细节

拍摄汽车时，需要特别注重细节，因为细节能够突出汽车的质感、工艺和设计特点。可以从正面、侧面、斜后方等多个角度拍摄，展示汽车的整体轮廓和细节，并使用特写镜头捕捉汽车的局部细节，如轮毂、车灯、车标等，要特别注意展现汽车表面的材质、光泽和纹理，如金属漆面的光泽、碳纤维的纹理等，如图 9-69 所示。

图 9-69

在光线方面，最好利用早晨或傍晚的柔和自然光进行拍摄，可以展现出汽车表面的光泽和细节，要确保光线分布均匀，避免高光区域曝光过度，导致细节丢失，还要注意阴影的位置和强度，适当的阴影可以增加汽车的立体感和深度，如图 9-70 所示。

图 9-70

此外，还可以尝试使用慢速快门捕捉汽车行驶中的动态效果，如轮胎的旋转、车灯的闪烁等。或者运用创意构图，如反射、倒影、剪影等，为画面增添个性和艺术感，如图 9-71 所示。

图 9-71

9.5.2 把高铁拍出速度感

由于高铁的高速移动，拍摄时建议使用较快的快门速度以捕捉清晰的高铁画面，通常，将快门速度设置在 1/500 秒或更快可以获得较好的效果。如果想要高铁清晰呈现，并且背景模糊化，则可以选择较大的光圈（较小的光圈值），这样可以更好地突出高铁的主体，并产生速度感，如图 9-72 所示。或者尝试使用长时间曝光来创造高铁行驶时的模糊效果，从而增强速度感。

图 9-72

当高铁经过水面或其他反射表面时，可以尝试捕捉高铁在水面上的倒影或反射效果，这样能为画面增添更多的动态元素。或者使用对比的手法，利用旁边高速行驶的列车来突显速度感，如图 9-73 所示。

图 9-73

另外，还可以使用特定镜头，比如长焦镜头来压缩画面中的空间感，使高铁看起来更加接近观众，从而增强速度感，如图 9-74 所示。

图 9-74

9.5.3 将轮船拍出故事感

要拍摄有故事感的画面，最好选择具有历史意义或独特设计的轮船，这样的轮船本身就带有故事性，然后寻找一个与轮船相辅相成的背景，比如繁忙的港口、迷人的海岸线或者历史悠久的码头，如图 9-75 所示。还可以使用道具来增强故事感，比如行李箱、帽子、地图等。而且最好是在黄昏或清晨的时候拍摄，这时候的柔和光线更有助于营造氛围，如图 9-76 所示。

图 9-75

图 9-76

在拍摄时，如果轮船是动态的，比如正在航行中，要抓好时机捕捉轮船与人物的互动瞬间。拍人时人物的表情和动作也应该具有故事感，比如依依不舍的表情、触摸船体、眺望远方、沉思等，如图 9-77 所示。

图 9-77

9.5.4 利用公交车拍摄无缝转场

利用公交车拍摄无缝转场时，尽量挑选具有辨识度的公交站、道路作为拍摄场景，这些场景能够帮助观众更好地进入情境。然后还要确定公交车的行驶路线，选择具有转场潜力的站点或路段。为了保证画面的稳定性，在拍摄时可以使用三脚架或者稳定器。

常用的无缝转场一般有两种，速度转场和遮挡转场。拍摄速度转场，一般是在公交车快速行驶时，通过快速切换镜头或移动相机，实现前后两个场景的无缝连接。如图 9-78 和图 9-79 所示，首先拍摄图 9-78 中的公交车，在公交车快速行驶而过时，快速移动相机，将镜头切换至图 9-79 中的场景。

图 9-78

图 9-79

而遮挡转场，则是利用公交车或其他物体作为遮挡物，在前一个镜头结束时遮挡住画面，在后一个镜头开始时移开遮挡物，露出新的场景。拍摄遮挡转场时，要特别注意的是，要确保遮挡物的运动轨迹和时机与拍摄需求相匹配。例如，首先拍摄公交车经过的画面，随着公交车进入镜头，逐渐将画面遮挡，如图 9-80 所示，在公交车慢慢出镜时，图 9-81 中的画面逐渐显现。

图 9-80

图 9-81

提示：遮挡转场是将两段画面拼接在一起，需要在后期剪辑时使用蒙版和关键帧进行合成。

第 10 章

短视频创作实战

本章将结合之前学习的内容，讲解《清爽一夏》饮品广告、《人间烟火》探店视频、《汉服之约》古风变装视频、《一眼万年》慢动作卡点视频和《云南之旅》旅拍Vlog的拍摄和制作方法。本章案例仅为参考，读者需要充分理解制作的思路，从而实现举一反三。

10

10.1 《清爽一夏》饮品广告

本节将以《清爽一夏》饮品广告为例讲解饮品广告的拍摄和制作方法，帮助读者充分掌握饮品广告的制作技巧。

10.1.1 案例概述

本节案例《清爽一夏》饮品广告属于广告视频这一类别。广告视频也称为视频广告，是一种通过视频形式进行产品或服务推广的媒介。它结合了视觉、听觉和动态元素，以生动、直观的方式向观众传达广告信息。广告视频可以分为传统视频广告和移动视频广告两大类。传统视频广告通常是在电视、电影院或其他传统媒体平台上播放的，而移动视频广告则主要在手机、平板电脑等移动设备上进行展示。随着移动互联网的普及和发展，移动视频广告逐渐成为广告市场的重要组成部分。

10.1.2 广告拍摄关键点

本节将以《清爽一夏》饮品广告为例，讲解饮品广告拍摄的关键点，帮助读者充分掌握饮品广告的拍摄方法。

1. 多角度拍摄

不同角度拍摄能从不同角度展现饮品的特色，45° 角拍摄能充分展示饮品的细节和美感，让观众更好地感受到饮品的质地和美味，如图 10-1 所示。而平拍则适用于画面层次丰富的场景，使画面更有空间感，如图 10-2 所示。

图 10-1

图 10-2

2. 道具和场景

在道具的选择上，尽量选择与饮品有关联性的道具，如吸管、水果片、薄荷叶等，以增强整体画面的和谐感，也可以考虑使用干冰、水滴、冰块等元素来增强画面的清新感。如图 10-3 所示。

场景的布置有助于讲述更多产品故事并展示饮品的制作方法，所以在布置场景时，也要尽量选择与饮品有关联的场景，如水果园、厨房、餐厅等。

图 10-3

3. 色彩搭配

色彩对视觉冲击力有很大影响，适当的颜色搭配可以增强画面的吸引力。例如，红色的西瓜和绿色的背景搭配，可以营造出夏日的清凉感；和白色的背景搭配可以营造出一种夏日小清新的唯美氛围，如图 10-4 所示。

图 10-4

10.1.3 后期制作关键点

本节将以《清爽一夏》饮品广告为例，讲解饮品广告后期制作的关键点，帮助读者充分掌握饮品广告的后期制作方法。案例效果如图 10-5 所示。

图 10-5

以下是广告视频的一些后期制作技巧。

- 节奏控制：通过控制剪辑的节奏，可以引导观众的情绪。快速的剪辑可以使人产生紧张或兴奋的感觉，而慢速的剪辑则可能引发观众的深思或情感共鸣。

➢ 镜头筛选：在剪辑过程中，需要确保广告的重点信息被突出。这可以通过使用特定的镜头、音效或文字来实现。

➢ 使用特效和动画：适当地使用特效和动画可以增加广告的吸引力。但是，特效和动画的使用应该适度，避免过度使用导致观众分散注意力。

➢ 字幕设计：在需要时，使用字幕和标题来强调关键信息或品牌名称。确保字幕和标题的字体、大小和颜色与广告的整体风格相匹配。

10.2 《人间烟火》探店视频

本节将以《人间烟火》探店视频为例讲解美食探店视频的拍摄和制作方法，帮助读者充分掌握美食探店视频的制作技巧。

10.2.1 案例概述

本节案例《人间烟火》探店视频属于美食探店视频这一类别，这类视频通常由美食博主、自媒体人、视频制作者等创作和发布。这种视频的核心内容是探索、介绍和推荐各种美食餐厅、小吃摊点、特色菜品等。在美食探店视频中，制作者通常会亲自前往餐厅或摊点，通过镜头记录环境氛围、装修风格、服务态度等细节，并重点展示菜品的制作过程、摆盘效果、口感特点等。同时，他们还会分享自己的用餐体验、感受和评价，为观众提供真实、客观的美食信息。

10.2.2 视频拍摄关键点

本节将以《人间烟火》探店视频为例，讲解美食探店视频拍摄的关键点，帮助读者充分掌握美食探店视频的拍摄方法。

➢ 选择合适的拍摄角度和镜头，突出重点，比如，可以使用近景或者特写镜头展示菜品的细节，如图 10-6 所示。

➢ 注意光线的运用，拍摄时可以选取窗口位置利用自然光拍摄，或者在室内使用灯光棒等工具进行补光，以保证画面的清晰明亮，如图 10-7 所示。

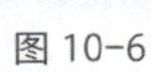

图 10-6

图 10-7

- ➢ 注重画面的美感和构图，比如中心构图、对角线构图等，既要营造出吸引人的视觉效果，也要突出重点。
- ➢ 灵活使用运镜技巧，比如横移、推拉、升降等，让画面富有动感，使观众产生身临其境的感觉，提高观众的参与感。

10.2.3 后期制作关键点

本节将以《人间烟火》探店视频为例，讲解美食探店视频后期制作的关键点，帮助读者充分掌握美食探店视频的后期制作方法。案例效果如图 10-8所示。

图 10-8

以下是美食探店视频的一些后期制作技巧。

- ➢ 在探店类视频中，可以采用环境录音、解说音频等方式来增强观众的听觉体验。选择背景音乐的时候也可以根据场景和情感进行配乐选择，增加整体的氛围和观赏性。
- ➢ 剪辑时要注意节奏和流畅度，合理安排各个镜头的顺序和长度，可以运用一些特效和转场效果来增加视频的艺术感。
- ➢ 简洁明了的视频字幕可以增加视频的观赏性和吸引力，字幕的设计要简单易懂，注意字体的大小和颜色搭配。

10.3 《汉服之约》古风变装视频

本节将以《汉服之约》变装视频为例讲解变装视频的拍摄和制作方法，帮助读者充分掌握变装视频的制作技巧。

10.3.1 案例概述

本节案例《汉服之约》古风变装视频属于变装视频这一类别。变装视频是通过化妆、服装、道具等手段改变自己外在形象并表演的一种视频，视频中的人物一转脸、一回眸，便换了一套衣服，或者换了一个好看的妆容，可以给观众一种极强的反差感。变装是抖音非常热门的一个题材，抖音的"光剑变装""甩头变装""古风变装""卡点变装"等挑战都曾火爆一时。这些视频不仅可以带给观众快乐，提升对美学、时尚和艺术的认知、兴趣，还可以让观众通过妆容、服饰等元素了解不同年代和不同民族的文化。

10.3.2 视频拍摄关键点

本节将以《汉服之约》古风变装视频为例，讲解古风变装视频拍摄的关键点，帮助读者充分掌握古风变装视频的拍摄方法。

- 选择服装与道具：根据拍摄目的，选择适合的汉服（如汉制、唐制、宋制、明制等）以及相应的道具（如面纱、纸伞、折扇、团扇、斗篷等），以营造古风氛围。
- 确定拍摄地点：选择一个适合古风拍摄的地点，如山、森林公园、寺院或道观等。注意避开现代痕迹，保持纯自然的背景。
- 拍摄方法：适当留白，使画面更简洁，突出人物；采用推、拉、摇、移等基本拍摄手法，并巧用背景、前景或框架等元素，增加视频的层次和质感，如图 10-9 所示。
- 动作与表情：古风变装视频中，演员的动作和表情要自然、优雅，符合古风气质。可以运用倚靠、扶额、抬手、侧身等动作，展现演员的灵动性。

图 10-9

10.3.3 后期制作关键点

本节将以《汉服之约》古风变装视频为例，讲解古风变装视频后期制作的关键点，帮助读者充分掌握古风变装视频的后期制作方法。案例效果如图 10-10 所示。

图 10-10

以下是古风变装视频的一些后期制作技巧。

- 转场特效：在两段视频之间添加合适的转场特效，如淡入淡出、叠化等，使视频过渡更加自然。
- 古风特效：根据视频内容，添加具有古风特色的特效，增强视频的视觉冲击力。

➢ 字幕添加：根据视频需要，可以选择添加古风字体，增加视频的氛围感。
➢ 贴纸装饰：添加与古风相关的贴纸，如水墨画、祥云、古风扇子等，对字幕或视频画面进行装饰。
➢ 调色：根据视频画面，对视频的色调、亮度、对比度等参数进行调整，或者添加古风滤镜，使视频画面更加符合古风视频的色调风格。
➢ 音乐卡点：在古风音乐的鼓点或波峰、波谷位置进行画面切换，增强节奏感。

10.4 《一眼万年》慢动作卡点视频

本节将以《一眼万年》慢动作卡点视频为例讲解慢动作卡点视频的拍摄和制作方法，帮助读者充分掌握慢动作卡点视频的制作技巧。

10.4.1 案例概述

本节案例《一眼万年》慢动作卡点视频属于卡点视频这一类别。卡点视频是现在在短视频平台上比较常见的一种视频类型，特别是在抖音、快手等平台。这种视频类型的特点是卡住准确的时间点，让视频更有节奏感，以吸引用户观看。

卡点视频的原理主要是在音乐的鼓点位置切换画面。因此，所选音乐的类型直接影响视频的呈现效果。一般来讲，节奏感强的音乐更适合作为卡点视频的背景音乐（BGM），因为节奏感越强，音乐的鼓点起伏会更明显，更容易找到卡点的位置。

10.4.2 视频拍摄关键点

本节将以《一眼万年》慢动作卡点视频为例，讲解人物回眸拍摄的关键点，帮助读者充分掌握人物回眸的拍摄方法。

1. 注视焦点和表情管理

➢ 注视焦点：当镜头低于人脸或与人脸在同一水平线上时，人物眼睛应看向镜头的位置；当镜头高于人脸时，人物眼睛应看向镜头下方的位置。
➢ 表情管理：在找到镜头后再做表情，这样可以保证镜头捕捉到的都是最新鲜、最自然的样子；回眸的表情可以是深情的、惊喜的、俏皮的或搞怪的，总之要让人物表情丰富多样。

2. 动作与姿势

➢ 行进中回头：拍摄回眸时，不要让人物停下来，而是在行进中回头，这样可以使画面更具动感。
➢ 回头速度：回头的速度不要过快，要慢慢转头，给相机捕捉最佳瞬间的机会。

3. 服饰与造型

➢ 服饰选择：选择与背景成反差色的服饰，可使画面简约好看的同时，主体更突出。
➢ 造型细节：利用头发、衣领、手等小道具或动作来辅助回眸，如用手轻抚头发或树枝、花朵等，可以增添女性的温婉和妩媚，如图 10-11 所示。

图 10-11

4. 拍摄技巧

- 摄影师站位：摄影师不要站在人像的正对面，而是站在人像斜侧45° 的位置，这样更容易拍摄到自然的回眸效果。
- 逆光拍摄：如果条件允许，尝试逆光拍摄，这样可以使人物的轮廓更加清晰，空间层次感更强。
- 构图与背景：注意构图的合理性，尽量将主体安排在画面的左、右下角或中间，使画面更整洁、有氛围感。同时，选择简洁、干净的背景或利用仰拍的方式，让天空成为自然的背景。

10.4.3 后期制作关键点

本节将以《一眼万年》慢动作卡点视频为例，讲解慢动作卡点视频后期制作的关键点，帮助读者充分掌握慢动作卡点视频的后期制作方法。案例效果如图 10-12 所示。

图 10-12

以下是慢动作卡点视频的一些后期制作技巧。

- 在时间线上找到需要调整为慢动作的视频片段，将视频片段的播放速度调低，实现慢动作效果。
- 选择节奏感强烈的音乐，观察波峰和波谷的位置，这些位置通常与音乐的鼓点相对应。
- 在时间线上，根据音频的节奏点，对视频素材进行切割，确保视频内容的切换与音频的节奏相匹配。
- 根据需要，为慢动作片段添加适当的特效，如光效、滤镜等，以增强视觉效果。

提示： 若选择的音乐鼓点并不清晰，可以使用剪映的"添加音乐节拍标记"功能，该功能可以自动识别音乐，并在音乐的节奏处打上标记。

10.5 《云南之旅》旅拍Vlog

本节将以《云南之旅》旅拍Vlog为例讲解旅拍Vlog的拍摄和制作方法，帮助读者充分掌握旅拍Vlog的制作技巧。

10.5.1 案例概述

本节案例《云南之旅》旅拍Vlog属于旅拍Vlog这一类别。Vlog的全称是Video Blog，是视频博客和视频日记的意思，主要就是以视频为载体记录日常生活。以影像代替文字或照片，上传后与网友分享。创作者通过拍摄视频记录日常生活，这类创作者被称为Vlogger。随着互联网的不断发展，视频和Vlog流行是大势所趋，因为视频比文字更能展现风采，拉近与观众的距离。将一次旅行的过程或者周末的活动记录下来，甚至是一些生活经验的分享，都可以算作Vlog。

而旅拍Vlog（Video Blog）是一种结合了旅行和视频日志形式的创作方式，通常用于记录和分享旅行过程中的所见所闻、体验感受以及个人故事。

10.5.2 Vlog拍摄关键点

本节将以《云南之旅》旅拍Vlog为例，讲解旅拍Vlog拍摄的关键点，帮助读者充分掌握旅拍Vlog的拍摄方法。

- 做好充分的拍摄准备：在拍摄前要充分了解目的地，包括当地的文化、地理特色和天气条件，还要了解当地是否允许拍摄，避免在禁飞区操作无人机。如果需要跨境，也要事先了解签证和特别许可的需求。
- 多角度拍摄：为了增加视频的观赏性，尝试从不同的角度和高度拍摄，如使用无人机进行空中拍摄，如图10-13所示。

图10-13

➢ 注意光线和音频：选择明亮的环境进行拍摄，避免过暗或过亮的场景；使用外置麦克风提高音频质量，避免噪声和回声。

➢ 抓住关键时刻：旅行中有很多关键时刻不容错过，如日出日落、森林云雾、特殊活动、感人瞬间等，如图 10-14 所示，要有意识地去捕捉这些美好时刻。

➢ 构图思路：尝试使用前景构图、引导线构图等技巧，简化画面内容和色彩，以提升视频的质感和吸引力。

图 10-14

10.5.3 后期制作关键点

本节将以《云南之旅》旅拍 Vlog 为例，讲解旅拍 Vlog 后期制作的关键点，帮助读者充分掌握旅拍 Vlog 的后期制作方法。案例效果如图 10-15 所示。

图 10-15

以下是旅拍 Vlog 的一些后期制作技巧。

➢ 整理素材：首先，将拍摄的所有视频素材按照时间顺序或场景进行分类整理，便于后续编辑。

- 初步剪辑：根据Vlog的主题，对素材进行初步剪辑，去除冗余和不必要的部分。
- 拼接与排序：将剪辑好的素材按照时间顺序或逻辑顺序进行拼接和排序，确保整个Vlog的连贯性和流畅性。
- 调整音频：确保视频中的音频清晰，音量适中，没有噪音或回声。
- 添加背景音乐：根据Vlog的风格和氛围，选择适合的背景音乐，并调整音乐的音量和起始时间，使其与视频内容相协调。
- 添加字幕：根据视频内容添加适当的字幕，解释说明或强调关键信息。字幕的样式、大小和颜色应与视频风格相协调。
- 添加贴纸：根据视频需要添加贴纸素材，增强视频的视觉效果和吸引力。
- 保持风格一致：在后期制作过程中，保持整个Vlog的风格和调性一致，避免出现风格混乱的情况。